入門と実践！

廃棄物処理法と産廃管理マニュアル

著 尾上雅典

はじめに

廃棄物処理法違反の怖さ

　廃棄物処理法違反をした場合、排出企業には報道に伴う社会的ダメージが重くのしかかります。廃棄物処理企業の場合には、業許可取消という死刑宣告にも等しい重いペナルティがあります。

　しかし、本当に深刻なのは、社会的ダメージを負う企業よりも、法律違反の発覚によって退職や左遷・降格を余儀なくされる廃棄物管理担当者の方なのです。

廃棄物処理法違反が起こる根本的原因

　廃棄物処理法違反は、大規模不法投棄事件のように善悪がわかりやすいものばかりではありません。実際には、行為者には悪意がないのに、法律の規定の無知や誤解から発生してしまうことがほとんどです。

　産業廃棄物処理には、排出事業者と処理業者の双方が関わりますが、お互いの立場や状況を相互理解していないために、当初は意図していなかった廃棄物処理法違反が発生することがよくあります。具体的には、「排出事業者による廃棄物処理原価を無視した値下げの要求」や、「処理業者による契約書法定記載事項の間違ったアドバイス」の結末を思い浮かべていただくと良いでしょう。

本書の役割

　そこで、本書は「読者の方に、廃棄物処理法違反によってキャリアプランと人生設計を棒に振らせないこと」と、「排出事業者と処理業者の相互理解を促進させること」の2点を主要なテーマとして執筆しました。

本書の想定する読者層

　本書は、仕事の一環として廃棄物管理を行っている人（廃棄物管理担当者）

にとって必須の知識体系を解説しています。

「社会制度はこうあるべき」という理想論ではなく、「こんなことをしたら法律違反になる」や、「こうすれば法律の要求水準をクリアできる」、あるいは「このような書類しか無ければ、行政は法律違反と考える」といった実務的観点に基づいて解説しています。

そのため、廃棄物管理に携わるすべての人・企業にとって活用できる部分があると思いますが、その中でも特に役立てていただけそうなのは次に記す方々です。

- 排出事業者の場合は、「廃棄物管理責任者」と「廃棄物管理担当者」
- 処理業者の場合は、「経営者」や「現場責任者」、そしてもちろん「廃棄物管理担当者」の方

本書の特徴

廃棄物管理担当者は、排出事業者（委託者）と処理業者（受託者）の両方にいらっしゃいますが、委託者と受託者という立場の違いによって知っておくべき内容が若干異なります。

しかしながら、それは「委託者は受託者の置かれた事情を知る必要はない」ということを意味しません。むしろ、排出事業者は処理業者の置かれた（法的な）事情をよく知っておくべきですし、処理業者は排出事業者の不安や懸念を払しょくするために排出事業者の義務を正確に理解することが重要です。

そのため、本書は双方の立場の違いの理解を促進させるため、まずどの立場の廃棄物管理担当者にとって重要な内容であるかを、それぞれのテーマの冒頭で明記しました。また、取引相手の立場や責任を知っていただくために、排出事業者と処理業者の双方の目線で重要なポイントを解説しました。

本書を、単なる解説書としてではなく、実務で必携のビジネス書として末永くご活用いただければ幸いです。

目次

はじめに ……………………………………………………………………………… 2

第1章　産業廃棄物管理責任者の必須知識

1　廃棄物管理担当という仕事の本質 ……………………………………… 8
2　産業廃棄物処理業界の現状 ……………………………………………… 10
3　産業廃棄物管理担当者に必要な知識体系 ……………………………… 14
4　産業廃棄物管理の一連の流れ …………………………………………… 18
5　廃棄物と有価物の違い …………………………………………………… 22
6　産業廃棄物の定義と注意点 ……………………………………………… 28

第2章　産業廃棄物を引き渡すまでにやること

1　産業廃棄物の保管 ………………………………………………………… 36
2　委託基準 …………………………………………………………………… 42
3　許可業者等への委託 ……………………………………………………… 44
4　処理状況確認 ……………………………………………………………… 52
5　処理状況確認の実施頻度 ………………………………………………… 54
6　処理状況確認のやり方 …………………………………………………… 58
7　委託契約書 ………………………………………………………………… 64
8　マニフェストの交付と保存 ……………………………………………… 72

第3章　記録と証拠の戦略的保存

1. 産業廃棄物引渡し後の注意点 …………………………………… 84
2. 措置命令というリスク …………………………………………… 88
3. 措置命令の対象にならないためのポイント …………………… 92
4. 証拠としての契約書の注意点 …………………………………… 96
5. 決定的な証拠となるマニフェスト ……………………………… 100
6. 現地確認記録の保存 ……………………………………………… 106

第4章　こんな時にはどうする？

1. テナントビルにおける産業廃棄物の排出事業者は誰になるのか ……… 112
2. 委託料金を短期間で変動させたい ……………………………… 116
3. マニフェストを紛失してしまった ……………………………… 118
4. 委託先処理業者から処理困難通知が届いたら ………………… 120
5. 委託先処理業者の事業場で事故が発生した場合 ……………… 122

第5章　知っておきたい通知や制度

1. 規制改革通知 ……………………………………………………… 126
2. 行政処分の指針 …………………………………………………… 144
3. 欠格要件 …………………………………………………………… 156

本書発刊に当たっての注意点

　本書は1人の民間人として、著者独自の法解釈および調査事項に基づいた内容で出版しています。廃棄物処理法の理解を深めることを目的に発行しており、本書の内容に関して運用した結果の影響につきましては、著者、出版元ともに責任を負いかねます。
　また、本書に記載されている出典やホームページアドレス、データ等につきましては、予告なく変更されることがあります。

第1章

産業廃棄物管理責任者の必須知識

1 廃棄物管理担当という仕事の本質
2 産業廃棄物処理業界の現状
3 産業廃棄物管理担当者に必要な知識体系
4 産業廃棄物管理の一連の流れ
5 廃棄物と有価物の違い
6 産業廃棄物の定義と注意点

第1章
1 廃棄物管理担当という仕事の本質

　大気汚染防止法や水質汚濁防止法などに代表される環境規制法は、環境負荷の原因となる企業活動を規制していますが、廃棄物処理法は、産業廃棄物の処理委託という日々の商取引行為の時点から企業活動を規制している点に特徴があります。

「廃棄物管理」は気軽な片手間仕事にあらず

　この本を手に取ったあなたは、「廃棄物管理」という言葉から、「産業廃棄物の保管」や「マニフェストの交付」、「廃棄物処分費の請求書の処理」等の事務的な手続きを連想したのではないでしょうか？もちろん、廃棄物管理にはそれらの要素がすべて含まれていますので、その連想は決して間違いではありません。

　しかしながら、淡々と流れ作業のように上記の事務処理をこなすだけでは、日々起こしている違法な間違いに気づくことができず、それが外部に顕在化した時点では、すぐにリカバリーできないほどに問題が大きくなっていることがほとんどです。

　事件報道という形で企業名称等が世情をにぎわすこと自体が企業にとっては大きなリスクとなりますが、廃棄物管理担当者が刑事事件の被告人となるケースもあります。「仕事として"管理"をしていただけなのに、個人として刑罰の適用対象となる可能性がある」というのが紛れもない事実です。

　これは決して机上の空論や誇張した話ではなく、あなたと同じ立場の廃棄物管理担当者に実際に起きた、あるいはあなたにも起きつつあるリスクなのです。

　その証拠として、「脱法行為をしてやろう」という個人的な悪意は無かったにもかかわらず、廃棄物管理担当者が検察庁に被疑者として書類送検された事例を3つご紹介します。

事例1（2013年6月28日付毎日新聞から事件の概要を抜粋）

　金属くずの処理を無許可業者に委託したとして、兵庫県警生活環境課などは28日、同県姫路市の鋼材メーカーA社（東証1部上場）など2法人と2人を廃棄物処理法（委託基準）違反の疑いで書類送検した。

他に送検されたのは、A社の40代男性部長や同市の廃棄物処理業B社と元現場責任者の40代男性。

　送検容疑は、A社は昨年4～6月、製鉄過程で出る金属くず6.8トンの処理を、無許可のB社に委託したとしている。いずれも容疑を認めているという。

事例2（2014年10月22日付日本経済新聞から事件の概要を抜粋）

　解体工事で発生した廃材の処理を無許可で請け負ったとして、警視庁生活環境課などは21日、建築工事会社C社社長と、C社から委託を受けたD社社長ら計3人を廃棄物処理法違反（受託禁止違反）容疑で逮捕した。

　同課はC社に解体工事を委託した戸建て分譲大手のE社と同社幹部ら数人も同法違反（委託基準違反）容疑で23日に書類送検する方針。元請け業者を同法違反で摘発するのは異例。

　容疑者の逮捕容疑は今年1月下旬、産廃処分業の許可がないのに、木くずや廃プラスチック類など計約17トンの運搬、処理を請け負った疑い。

事例3（2014年11月26日付静岡新聞から事件の概要を抜粋）

　排出した産業廃棄物を収集運搬業者に引き渡した際に、産業廃棄物管理票を交付しなかったとして、細江署と県警生活経済課は26日、廃棄物処理法違反の疑いでF市と職員2人を静岡地検浜松支部に書類送致した。

　書類送致された職員は、市都市整備部公園管理事務所長（63）と、同事務所の公園整備グループ長（54）（肩書はいずれも当時）の2人。

　送致容疑は2012年3月24日から26日までの間、同市の公園内で、市が排出した産業廃棄物を収集運搬業者に引き渡した際に、市を排出事業者とした産業廃棄物管理票（マニフェスト）を交付しなかった疑い。

　細江署などは組織としての責任を問うため、従業者が業務に関して違反行為をした際に法人にも刑を科す規定を適用して、市も書類送検の対象にした。
※静岡地検浜松支部は、2015年2月23日付で「不起訴処分」としました。

　このように、廃棄物管理担当者は、一つ間違うと自分自身が訴追されるリスクと隣り合わせなのです。あなた自身の身の安全を守るためにも、この本をよくお読みいただき、正しい廃棄物管理実務を身につけてください。

第1章 2 産業廃棄物処理業界の現状

産業廃棄物処理業者の場合は言うまでもなく、排出事業者においても、取引先である産業廃棄物処理業界がどのような状況であるかを理解しておくことは非常に重要です。

日本における産業廃棄物の処理状況

環境省が毎年公表している「産業廃棄物の排出及び処理状況」によると、平成20（2008）年度までは毎年4億トンの産業廃棄物が発生していましたが、平成21（2009）年度以降の年間発生量は4億トンを下回り、なおかつ減少傾向に入っています。

出典：環境省発表「産業廃棄物の排出及び処理状況等（平成24年度実績）」より

平成24年度実績では、産業廃棄物の発生量のうち、約5割の2億756万トンは何らかの形で再生利用され、最終処分場で埋め立てられたのは1310万トンで、発生量の3%程度の割合となっていました。

●産業廃棄物の処理フロー（H24）

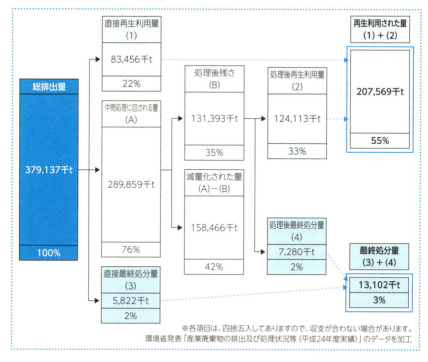

産業廃棄物処理企業の経営実態は

　さて、年々発生量が減少し続けている産業廃棄物取引市場において、産業廃棄物の処理を実際に担う産業廃棄物処理企業の経営実態はどのような状況にあるのでしょうか。

　平成24年3月に環境省が公表した「平成23年度産業廃棄物処理業実態調査報告書」によると、産業廃棄物処理の市場規模は約5兆円と推計されています。この5兆円の市場の中で、全国で約11万社の産業廃棄物処理業者がひしめいていることになります。

　5兆円というのはそこそこ大きな取引市場と言えますが、11万社の産業廃棄物処理業者の大部分は零細事業者で、年間売上高10億円以上の産業廃棄物処理業者はわずか3％程度しか存在しません。逆に、年間の売上高が0円という産業廃棄物処理業者が26％にも上っています。年間売上高が500万円未満という産業廃棄物処理業者

が15％ですので、両者を合わせると「全体の約4割の産業廃棄物処理業者は、許可を持ちながらも事業として成り立つレベルで産業廃棄物処理業を行っていない」ということになります。

●年間売上高の分布比率

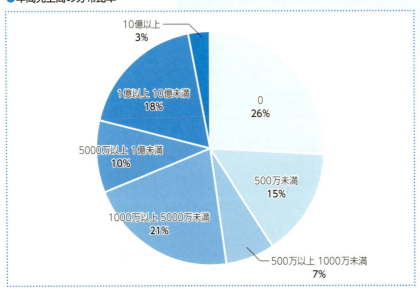

不法投棄の状況

　環境省が毎年公表している「産業廃棄物の不法投棄等の状況」によると、近年は投棄件数と投棄量ともに減少傾向にあります。ただし、この統計は1件当たり10t以上の比較的大きな規模の不法投棄のみを集計の対象としていることに注意が必要です。
　また、不法投棄実行者のおよそ半分は「排出事業者」となっています。「産業廃棄物処理業者には零細事業者が多い」と述べたところですが、許可業者による不法投棄は、件数で見ると全体の約4％、投棄量では全体の約6％と、実は非常に少ない割合でしか発生していません。しかしながら、許可業者による不法投棄がゼロではない以上、排出事業者としては、現地確認等の実施により、そのような処理業者と取引をするリスクをしっかりと排除しておきたいところです。

第1章 産業廃棄物管理責任者の必須知識

● **不法投棄件数及び投棄量の推移**

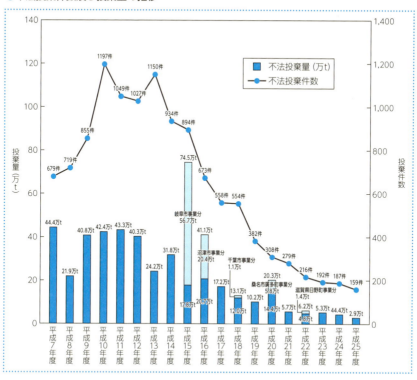

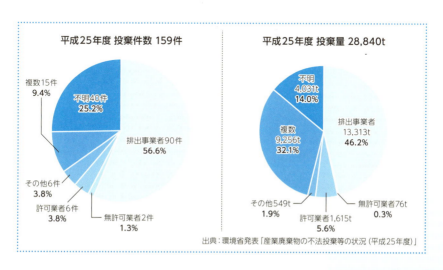

出典:環境省発表「産業廃棄物の不法投棄等の状況(平成25年度)」

第1章 3 産業廃棄物管理担当者に必要な知識体系

ここでは排出事業者と産業廃棄物処理業者のそれぞれの担当者に必要な知識体系を解説しています。ただし、排出事業者は処理業者の立場を理解しておく必要がありますし、処理業者も排出事業者責任を正確に理解しておくことが不可欠です。

排出事業者と産業廃棄物処理業者の双方に不可欠な知識

排出事業者と産業廃棄物処理業者の双方に不可欠な知識は、以下の2点です。

①一般廃棄物と産業廃棄物の違い

詳細は28ページから30ページで解説していますが、廃棄物処理法上、一般廃棄物と産業廃棄物は違う種類の廃棄物となりますので、委託基準や必要な業許可が異なります。

特に、産業廃棄物処理業者の場合は、一般廃棄物処理業の許可や市町村からの一般廃棄物処理委託を受けない限り、同じ性状の廃棄物であっても一般廃棄物を処理すると無許可営業になってしまいますので、非常に重要な基礎知識となります。

②産業廃棄物管理票(マニフェスト)の運用方法

マニフェストは産業廃棄物の処理記録となる重要な書類ですので、正しく運用することが必須となります。その詳細は、第2章の72ページから81ページで解説しています。

排出事業者の場合は、廃棄物処理法で定められた法定記載事項の内容を正しく反映したマニフェストを交付することと、産業廃棄物処理業者から返送されてきたマニフェストをそれぞれ5年間保存する義務があります。

産業廃棄物処理業者の場合は、紙マニフェストを交付されていない産業廃棄物(電子マニフェストを運用する場合は除外)の引受け禁止義務と、処理終了年月日などの虚偽記載をしないことが重要です。産業廃棄物処理業者の場合は、法律違反で刑事罰を受ける可能性もさることながら、許可取消などの行政処分にも注意を払う必要がありますが、マニフェストに関する違反は証拠が残りやすいため、行政処分のきっかけとなることが多々あります。

排出事業者に不可欠な基礎知識
① 自社が排出する廃棄物の理解
　まず、自社が排出する廃棄物が「一般廃棄物」なのか「産業廃棄物」なのかを理解することが第一歩です。

　次に、その廃棄物が「産業廃棄物」にあたる場合は、「廃プラスチック類」や「木くず」等の「具体的な産業廃棄物の種類」を把握しなければなりません。

　この順序に基づく廃棄物の理解を飛ばして、廃棄物を適切に処理することはできません。自社廃棄物の理解は、簡単なようで奥が深い手順になりますので、一般廃棄物か産業廃棄物かで迷った時は、この本の28ページから33ページをその都度参照してください。

② 産業廃棄物処理委託基準
　自社で処理できない産業廃棄物は、産業廃棄物処理業者に処理委託するしかありませんが、廃棄物処理法はその委託手続きの手順や書式を規定しています。

　詳細は第2章で解説していますが、産業廃棄物処理委託基準の概要は以下の3つです。
- 適切な許可を持った産業廃棄物処理業者への委託
- 委託契約書の作成と保存
- マニフェストの交付と保存

　この部分は繰り返し読んでいただき、絶対に間違いを起こさないというレベルで運用を続けることが大切です。

③ 保存するべき書類
　委託契約書やマニフェストなど、廃棄物処理法で保存が義務付けられている書類については、それを適切に保存することが基本となります。

　実務においては、法律で保存が義務付けられてはいませんが、保存しておいた方が良い書類がいくつかあります。刑事事件とは異なり、過去の違法行為に対する行政の措置命令等には時効の壁がありませんので、将来において自社の正当性を主張するための証拠を残していくことが必要だからです。

産業廃棄物処理業者に不可欠な基礎知識
① 産業廃棄物処理基準
　産業廃棄物処理基準は、産業廃棄物処理業者の操業の基準ですので、すべての産業廃棄物処理業者に必須の知識と言えます。

しかしながら、産業廃棄物処理基準は、収集運搬から中間処理、最終処分にまで及ぶ広範な内容であり、すべてを正確に理解することはなかなか困難ですし、自社が行っていない事業に関する基準を理解する必要はありません。

そのため、現実的な対応としては、自社が許可を有する産業廃棄物処理（例えば、「収集運搬」や「焼却」など）に関する基準を正確に理解していくことになります。

産業廃棄物収集運搬基準（廃棄物処理法施行令第6条第1項第一号）

1. 産業廃棄物が飛散し、流出しないようにすること
2. 悪臭、騒音又は振動によって、生活環境の保全上、支障が生じないように必要な措置を講じること
3. 収集運搬のための施設を設置する場合には、生活環境の保全上、支障を生じないように必要な措置を講じること
4. 運搬車、運搬容器及び運搬用パイプラインは、産業廃棄物が飛散、流出し、悪臭が漏れる恐れのないこと
5. 運搬車の車体の外側に、産業廃棄物の収集運搬車である旨を表示すること
6. 運搬車に、「産業廃棄物収集運搬業」許可証の写しの他、所定の書類を備えおくこと

産業廃棄物中間処理基準（廃棄物処理法施行令第6条第1項第二号）

1. 産業廃棄物が飛散し、流出しないようにすること
2. 悪臭、騒音又は振動によって、生活環境の保全上、支障が生じないように必要な措置を講じること
3. 中間処理のための施設を設置する場合には、生活環境の保全上、支障を生じないように必要な措置を講じること
4. 産業廃棄物を焼却する場合は、環境省令で定める焼却設備を用いて、適切に焼却すること
5. 産業廃棄物の保管を行う場合は、産業廃棄物の保管基準に準じて行うこと
6. 産業廃棄物の保管を行う場合は、産業廃棄物処理施設において処分を行うために、やむを得ないと認められる期間を超えて保管しないこと
7. 産業廃棄物処理施設での保管容量は、通常の操業状態で、処理能力の14日

分(再利用のコンクリート片は28日分、アスファルト片は70日分)を超えないようにすること

産業廃棄物埋立処分基準(施行令第6条第1項第三号)※全ての産業廃棄物に共通の基準のみを抜粋

1. 産業廃棄物が飛散し、流出しないようにすること
2. 悪臭、騒音又は振動によって、生活環境の保全上、支障が生じないように必要な措置を講じること
3. 埋立処分のための施設を設置する場合には、生活環境の保全上、支障を生じないように必要な措置を講じること
4. 埋立地には、ねずみ、蚊、はえ、その他の害虫が発生しないようにすること
5. 埋立処分を終了する場合には、埋立地の表面を土砂で覆うこと
6. 安定型産業廃棄物以外の産業廃棄物は、地中にある空間を利用して、埋立処分をしてはならない
7. 安定型最終処分場では、安定型産業廃棄物以外の廃棄物が混入・付着するおそれのないよう、必要な措置を講じること
8. 周囲に囲いが設けられ、かつ産業廃棄物の処分の場所(有害産業廃棄物の場合はその旨)であることの、表示がされている場所で行うこと
9. 埋立地からの浸出液による公共の水域・地下水の汚染を防止するのに必要な措置を講じること

③欠格要件

　担当者が個人的に注意すべきというよりは、廃棄物処理企業の出資者や経営者の全員が理解しておかねばならない情報として「欠格要件」があります。

　欠格要件とは、廃棄物処理法で「廃棄物処理業を営むのにふさわしくない人物・企業の条件」を明示されており、それに該当した場合は、即刻廃棄物処理業の許可を取消されてしまうという非常に厳しい要件です。

　欠格要件の詳細は第5章で解説していますが、廃棄物処理企業に対し廃棄物処理法違反で罰金刑が科された場合も、即刻廃棄物処理業の許可が取消されることになりますので、廃棄物管理担当者としては、会社に絶対に法律違反を起こさせないように気を配る必要があります。

第1章 4 産業廃棄物管理の一連の流れ

　産業廃棄物を適切に管理するためには、「発生」「保管」「契約」「引渡し」「書類及び記録の保存」といったすべての工程を、一連の流れの中で理解する必要があります。本項では、個別の工程の概要と一連の流れにおけるそれぞれの工程の位置づけを解説します。

部分ではなく全体の流れを知る必要性

　この本で言う「管理」とは、単に廃棄物を保管しておくことではなく、「廃棄物の発生」から「保管」「処理業者との契約」「引き渡し」「最終処分」「処理記録その他の保存」、そして「有事の際の危機対応」までを視野に入れた、かなり幅広い意味で使っています。

　実務においては、それぞれの工程を細切れに理解するだけでは、産業廃棄物処理工程全体を見通した適切な対策を取ることができません。そのため、本項では、「保管」や「引き渡し」といった個別の処理工程を一連の流れの中でお示しし、工程全体の流れを見通しながら、リスクと対処策を考えていきます。

　産業廃棄物管理は、概ね以下のような循環した流れで行われます。

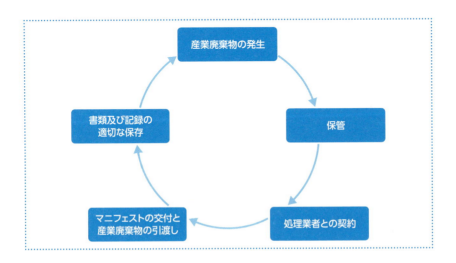

どこか一つでも法律違反や間違いがあると、会社としては廃棄物処理法違反という大きなリスクにさらされることになりますが、管理担当者個人としては、「処理業者との契約」「マニフェストの交付と産業廃棄物の引渡し」「書類及び記録の適切な保存」の3つに、職責の大部分が集中していることと思われます。

この図からは、「マニフェストのE票が返ってきたら手続き終了」ではなく、「E票の返送は次の新しい取引の前段階に過ぎない」ことがおわかりいただけると思います。

重要なことは、産業廃棄物処理委託という取引が続く限り、どの工程でリスクが発生するかは誰にもわからないため、万が一への備えとして「書類及び記録の適切な保存」を徹底することです。それがこの本の最も重要なテーマでもあります。

言い換えると、「将来の紛争やトラブルを意識しながら、書類と記録の保存を行う」ようになると、契約書の内容やマニフェストの書き方、委託先処理業者の操業状態にも自然と目が向くことになりますので、産業廃棄物管理担当者の意識の置き所としては、「書類と記録の保存」が最も有効とも言えます。

それでは、以下それぞれの産業廃棄物処理工程の注意点を解説していきます。

産業廃棄物の発生

「産業廃棄物の発生」の時点で、産業廃棄物管理担当者を悩ませることはほとんど起こりませんが、実務では、「いつ産業廃棄物となるか」が問題となることがまれにあります。

具体例としては、「売れ残った製品を倉庫から製造拠点に戻し、製造拠点で集約後に産業廃棄物処理を行う」というケースが考えられます。この場合、倉庫に置かれている時点から腐敗をしているなど、商品ではなく廃棄物として扱う方が適当な場合は、倉庫から搬出する時点から産業廃棄物として扱う必要があります。しかし、製造拠点に入るまでは商品としての使用可能なものばかりで、製造拠点における取捨選別を経てはじめて廃棄処分するものが発生する、というような場合は、廃棄処分が決まった時点から産業廃棄物として取り扱う方が適切と考えられます。

ただし、22ページで解説するとおり、排出者の主観的な意思だけで廃棄物か有用物かが決まるわけではありませんので、ご注意ください。

保管

　適切な廃棄物の保管をしていないと、その後の廃棄物処理コストが高くつきますので、企業活動においては重要なポイントでもあります。

　また、契約をしていない産業廃棄物を不用意に混入させて処理委託してしまうと、委託者が廃棄物処理法違反に問われることもありますので、法律違反をしないためにも保管に注意を払うことが必要です。

　その他、「どうせ処分する廃棄物だから」と、原材料や製品と比べて廃棄物はぞんざいに扱われがちですが、廃棄物の不適切な保管によって、火災や廃棄物の飛散・流出が発生することがあります。火災の場合は人命に関わる恐れがありますし、廃油や廃酸などが地下に浸透してしまうと、土壌汚染対策に多大なコストが掛かってしまいます。

　産業廃棄物管理担当者の責任において、保管方法に問題が無いかを定期的にチェックする体制を作ることが必要です。

処理業者との契約

　自社で産業廃棄物を処理できない場合は、適切な業許可を持った産業廃棄物処理業者と契約をし、産業廃棄物処理を委託しなければなりません。

　契約の際には、書面で法定記載事項を網羅した委託契約書を作成し、契約終了後5年間保存しておかねばなりません。法定記載事項の詳細や契約書の注意点については、第2章で詳しく解説しています。

　また、契約を締結する前に、処理業者の許可内容が適切か、そして委託先として信頼に足る業者であるか等を、処理業者の事業場を実際に訪問し、確認を行う必要があります。これを「処理状況の確認」と言い、罰則を伴う義務ではありませんが、罰則の有無に関係なく、廃棄物処理に伴うリスクを低減させるためには、産業廃棄物管理担当者の職責として行わなくてはいけない調査手順です。詳細は契約書と同様に、第2章で解説しています。

マニフェストの交付と産業廃棄物の引渡し

　産業廃棄物を処理業者に引渡す際には、委託者が産業廃棄物管理票（以下、「マニフェスト」と呼称）を必ず交付しなければなりません（紙マニフェストの場合）。

契約書と同様に、マニフェストにも法定記載事項がありますので、それらをすべて遺漏なくマニフェストに記載する必要があります。その詳細は、第2章で解説しています。

書類及び記録の適切な保存

排出事業者に、廃棄物処理法で保存が義務付けられている書類としては、「委託契約書」と「マニフェスト」の2種類が主なものとなります。

産業廃棄物処理業者の場合は、委託契約書の保存義務は法律上はありませんが、企業間の取引である以上、委託者と同じ内容の委託契約書を当然所持しておくべきです。マニフェストについては、処理業者にも保存義務がありますし、先述したとおり、マニフェストの違反を契機として行政処分が行われるケースが多いため、排出事業者以上にマニフェストの扱いには注意を払う必要があります。

法的な保存義務がある書類は上記の2つですが、排出事業者と産業廃棄物処理業者の別を問わず、将来において、他社の不適切な廃棄物処理に巻き込まれる事態が無いとも限りませんので、それに備えた記録や証拠を積極的に保存しておくべきです。保存をお薦めする具体的な記録や証拠、そしてその保存方法等は、第3章で詳しく解説しています。

第1章 5 廃棄物と有価物の違い

　産業廃棄物管理担当者としては、「廃棄物とは何ぞや」をまず理解する必要があります。そして次に、「廃棄物」と「有価物」の判別基準を理解しなければなりません。特に、廃棄物となる物を有価物と誤解して社外に出さないように注意しなければなりません。

廃棄物とは

　廃棄物処理法では、「廃棄物」の定義を以下のようにしています。

> （定義）
> 第2条　この法律において「廃棄物」とは、ごみ、粗大ごみ、燃え殻、汚泥、ふん尿、廃油、廃酸、廃アルカリ、動物の死体その他の汚物又は<u>不要物であつて、固形状又は液状のもの</u>（放射性物質及びこれによつて汚染された物を除く。）をいう。

　「汚物」という例示はイメージがしやすいものですが、実務では、「不要物」という抽象的な概念の解釈がよく問題となります。それは、廃棄物処理法に、「誰にとっての不要物なのか」や「誰が不要と判断するのか」等の、具体的な判断基準が明示されていないためです。

　「不要物」とは、文字どおり「要らない物」を指しますが、いったい誰が物の「要」「不要」を判断するのでしょうか？「行政」でしょうか？それとも「警察」なのでしょうか？あるいは、「廃棄物を排出した人自身」なのでしょうか？

　「廃棄物を排出した人自身」の価値判断だけで不用物か否かが決まるのであれば、その人が「これはすべて後々使う予定のある物だ！」と主張をするだけで、容易に廃棄物処理法の規制を免れることが可能となってしまいます。実際、廃棄物処理法が施行された当初は、そのような主張に基づき不法投棄等の環境汚染が堂々と行われていたことがありました。

そこで現れた「総合判断説」

　環境省が数年ごとに内容の見直しを図り、都度都道府県あてに通知している文書の中に「行政処分の指針」というものがあります。「行政処分の指針」は、実務においても重要な判断材料の一つであるため、第5章で詳しく解説していますが、この項では「廃棄物該当性の判断について」で、環境省が述べている「廃棄物と有価物の判別基準」を見ていきます。

第1　総論
4（2）廃棄物該当性の判断について

- 廃棄物とは、占有者が自ら利用し、又は他人に有償で譲渡することができないために不要となったものをいい、これらに該当するか否かは、その物の性状、排出の状況、通常の取扱い形態、取引価値の有無及び占有者の意思等を総合的に勘案して判断すべきものである
- 廃棄物は、不要であるためにぞんざいに扱われるおそれがあり、法による適切な管理下に置くことが必要である
- 再生後に自ら利用又は有償譲渡が予定される物であっても、再生前においてそれ自体は自ら利用又は有償譲渡がされない物であることから、当該物の再生は廃棄物の処理であり、法の適用がある
- 廃棄物の疑いのあるものについては、各種判断基準に基づいて総合的に判断し、有価物と認められない限りは廃棄物として扱うこと
- 判断基準がそのまま適用できない場合は、適用可能な基準のみを抽出して用いたり、当該物の種類、事案の形態等に即した他の判断要素をも勘案するなどして、適切に判断されたい

　重要な点は下線をひいた部分で、
- 不要物かどうかを判断する際には、「性状」「排出状況」「通常の取扱い形態」「取引価値の有無」「占有者の意思」等を総合的に勘案して判断すべきであり、
- そのように厳格な判断が必要な理由として、「廃棄物は、不要であるためにぞんざいに扱われるおそれがあるから」と説明されています。

つまり、「廃棄物の排出者（＝占有者）の意思のみで、その物が不要物か有価物かどうかが決まるわけではない」ということになります。

また、環境省はさらに「行政処分の指針」で、「総合的に勘案すべき」項目として、下記のように5項目の具体例を挙げています。

①物の性状	・利用用途に要求される品質を満足し、かつ飛散、流出、悪臭の発生等の生活環境の保全上の支障が発生するおそれのないものである ・実際の判断に当たっては、生活環境の保全に係る関連基準（例えば土壌の汚染に係る環境基準等）を満足する ・その性状についてJIS規格等の一般に認められている客観的な基準が存在する場合は、これに適合している ・十分な品質管理がなされている
②排出の状況	・排出が需要に沿った計画的なものであり、排出前や排出時に適切な保管や品質管理がなされている
③通常の取扱い形態	・製品としての市場が形成されており、廃棄物として処理されている事例が通常は認められない
④取引価値の有無	・占有者と取引の相手方の間で有償譲渡がなされており、なおかつ客観的に見て当該取引に経済的合理性がある ・名目を問わず処理料金に相当する金品の受領がない ・譲渡価格が競合する製品や運送費等の諸経費を勘案しても双方にとって営利活動として合理的な額である ・当該有償譲渡の相手方以外の者に対する有償譲渡の実績がある
⑤占有者の意思	・客観的要素から社会通念上合理的に認定し得る占有者の意思として、適切に利用し若しくは他人に有償譲渡する意思が認められる ・放置若しくは処分の意思が認められない ・単に占有者において自ら利用し、又は他人に有償で譲渡することができるものであると認識しているか否かは決定的な要素とならない ・上記①から④までの各種判断要素の基準に照らし、適切な利用を行おうとする意思があるとは判断されない場合、又は主として廃棄物の脱法的な処理を目的としたものと判断される場合には、占有者の主張する意思の内容によらず、廃棄物に該当する

上記の5項目を総合的に判断して、廃棄物か有価物かを判別することになるため、この判別基準のことを「総合判断説」と呼んでいます。

総合判断説は実際に使えるのか？

結論を先に書くと、「知っておかなければいけない考え方だが、実際には"総合的に"判断することはほとんどない」となります。

それはなぜか？

総合判断説には5つの要素がありますが、行政機関が重視するのは、「取引価値の有無」が中心となりがちだからです。もちろん、すべての行政機関が「取引価値の有無」しか見ないということではありませんが、違法行為を起こさせないように指導を行う行政機関の立場としては、「外形的に明白」で、「誰にでも不要物ではないとわかる」指標で行為の是非を判断せざるを得ません。そのため、行政機関はどうしても「取引価値の有無」（＝その物を引き取る人が対価を支払って購入しているかどうか）を重視しがちとなります。

どうやって総合判断する？

「豆腐工場から発生したおからが産業廃棄物に該当するか否か」が最高裁判所まで争われたケースがあります。通称「おから裁判（平成11年3月10日最高裁判所第二小法廷決定）」です。

おから裁判では、総合判断説に基づき、事件の争点となったおからは有価物ではなく廃棄物として判示されました。

> 最高裁判所の判断（おからは有価物とみなせるか）
> ①おからの性状・・・・（×）腐敗しやすい
> ②排出の状況・・・・（○）豆腐製造業者によって計画的に排出されている
> ③取扱い形態・・・・（×）有償で売買されるのはごくわずか
> ④取引価値・・・・・・（×）おからの処理料金を徴収していた
> ⑤占有者の意思・・・・（○）おからを飼料や肥料の原料にしていた

ただし、総合判断の結果、「有価物とみなせない」項目の数が「有価物とみなせる」項目を上回ったために、おからは産業廃棄物とみなされたわけではありません。あくまでも、それぞれの判断要素を"総合的に"判断した結果、産業廃棄物と判示されました。

この"総合的に"という表現が曲者で、法律の条文や最高裁判決、または環境省の通知を読んでも、「どのように判断すると総合的か」という内容は一切書かれていません。

そのため、実務で行政機関へ説明をする場合は、「取引価値がある」ことを明確に

しつつ、他の4要素を満たす条件を補強材料としてできるだけ多く提供していくことになります。

総合判断説の適用事例

※前提条件
① A社で発生する梱包残材等の廃プラスチック類を、産業廃棄物中間処理業の許可を持たないB社が1kgあたり10円で購入し、B社でその全量を再生利用したい。
② しかし、B社は車両を所持していないので、A社からB社への運搬は、産業廃棄物収集運搬業の許可を持たないC社に1kgあたり20円で運んでもらいたい。
③ A社は廃プラスチック類をB社に売却するので、廃プラスチック類の運搬に際してもマニフェストを交付しないで済ませたい

　このようなケースでは、たしかにA社はB社に廃プラスチック類を売却していますし、B社も購入した廃プラスチック類の全量を再生利用しているため、B社に廃プラスチック類が届いた段階から、廃プラスチック類を有価物として考えることが可能です（その理由は、第5章で再度解説します）。
　問題は、A社がB社から受け取る対価よりも、A社がC社に支払う運搬料金の方が高いため、廃プラスチック類をB社に出せば出すほど、A社には損失が発生することです（売価10円－運搬料金20円＝▲10円）。そのため、この質問に対して、ほとんどの自治体は「A社からB社に廃プラスチック類を運搬する間は、産業廃棄物の運搬委託契約が必要」と回答します。「A社に損失が発生する以上、総合判断の要素

の『取引価値の有無』に抵触するため、運搬途上の廃プラスチック類は有価物とみなせない」と判断されるためです。

「C社に支払うのは廃棄物処理料金ではなく、原材料の運送料金だ」と言いたくなるところですが、一般的な原材料や製品の取引においては、「売れば売るほど赤字が増える」取引を続けることはありませんので、それと同視するのは困難です。

仮に、他の判断要素の「物の性状」や「排出の状況」が「有価物取引」とみなせるものだったとしても、「売却すればするほど損失が増える＝取引価値が無い」という点がボトルネックになるため、廃プラスチック類は有価物とみなせないという判断になってしまいます。

このように、行政機関に納得してもらうためには、「取引価値があることの証明」が重要であることをご理解いただけたと思います。相談を持ち掛ける当事者としては、「5つの判断要素のすべてを問題なくクリアできている」と思いがちなのですが、「外部から見たわかりやすさ（＝当事者でなくとも有価物と思うかどうか）」と「行政機関が注目する点」にはズレが生じることがよくあります。

	外部から見たわかりやすさ	行政の注目度
①物の性状	◎ 非常に明確	▲
②排出の状況	○ ある程度明確	△
③通常の取扱い形態	▲ 当事者でないとわからない	○
④取引価値の有無	× 運賃や加工費、販売奨励金など、複雑な金銭の流れであることが多い	◎ ここしか見ていないことがほとんど
⑤占有者の意思	× 主観で左右されるためわかりにくい	× 「有価物ではない」という前提で話を聞くことがほとんど

こうした構造をよく理解したうえで、冷静に第三者の視点に立ちながら、「有価物であることを説明する材料」を一つずつ揃えていくことが必要となります。

第1章 6 産業廃棄物の定義と注意点

　産業廃棄物は全部で21種類しかありませんが、「産業廃棄物」の定義を正確に理解することは、「一般廃棄物」を含めたすべての「廃棄物」を理解することにつながります。実務では、一般廃棄物と産業廃棄物を混同しないことがとても重要です。

産業廃棄物と一般廃棄物の違い

　廃棄物処理法は、産業廃棄物と一般廃棄物の違いを次のように定義しています。

> 廃棄物処理法第2条
> 2　この法律において「一般廃棄物」とは、産業廃棄物以外の廃棄物をいう。

　「廃棄物」には、「産業廃棄物」と「一般廃棄物」の2種類があり、「一般廃棄物」は「産業廃棄物」以外のすべての「廃棄物」となります。

●一般廃棄物と産業廃棄物

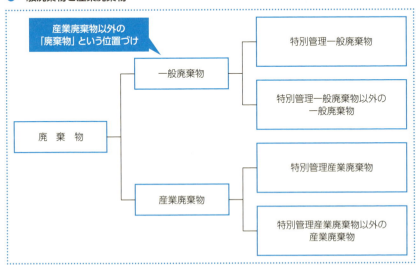

そのため、目の前の廃棄物が産業廃棄物の定義に該当する場合、それは産業廃棄物となり、産業廃棄物の定義に該当しない場合、それは一般廃棄物となります。

産業廃棄物は産業廃棄物として処理を行うことが、産業廃棄物管理実務の最も重要な基本となりますので、産業廃棄物の定義を正確に理解することの重要性をご理解いただけると思います。

産業廃棄物の具体的な種類

廃棄物処理法は、産業廃棄物の具体的な種類を次のように定義しています。

> 廃棄物処理法第2条
> 4　この法律において「産業廃棄物」とは、次に掲げる廃棄物をいう。
> 　一　事業活動に伴つて生じた廃棄物のうち、燃え殻、汚泥、廃油、廃酸、廃アルカリ、廃プラスチック類その他政令で定める廃棄物
> 　二　輸入された廃棄物（前号に掲げる廃棄物、船舶及び航空機の航行に伴い生ずる廃棄物（政令で定めるものに限る。第十五条の四の五第一項において「航行廃棄物」という。）並びに本邦に入国する者が携帯する廃棄物（政令で定めるものに限る。同項において「携帯廃棄物」という。）を除く。）

産業廃棄物となる廃棄物の条件は2つあり、

> ①事業活動に伴って発生したもの
> 　　　　　　＋
> ②燃え殻、汚泥、廃油、廃酸、廃アルカリ、廃プラスチック類その他政令で定める廃棄物

となります。

「事業活動に伴って発生した廃棄物がすべて産業廃棄物となるわけではない」ことに注意が必要です。上記の②の「その他政令で定める廃棄物」の中には、特定の業種から発生した廃棄物のみが産業廃棄物となるものがあるからです。次のページに「産業廃棄物の具体的な種類」を例示していますが、その中の「紙くず」、「木くず」、

「繊維くず」、「動植物性残さ」、「動物系固形不要物」、「動物のふん尿」、「動物の死体」の7種類については、特定の業種から発生した廃棄物のみが産業廃棄物となることにご注意ください。

● **産業廃棄物の具体的な種類**

種類	具体的な例
(1) 燃え殻	石炭がら、廃活性炭、産業廃棄物の焼却残灰・炉内掃出物など（集じん装置に補足されたものは、(19) ばいじんとして扱います。）
(2) 汚泥	工場廃水等処理汚泥、各種製造業の製造工程で生じる泥状物、建設汚泥、下水道汚泥、浄水場汚泥など
(3) 廃油	廃潤滑油、廃洗浄油、廃切削油、廃燃料油、廃溶剤、タールピッチ類など
(4) 廃酸	廃硫酸、廃塩酸などのすべての酸性廃液
(5) 廃アルカリ	廃ソーダ液などのすべてのアルカリ性廃液
(6) 廃プラスチック類	合成樹脂くず、合成繊維くず、合成ゴムくずなど、固形状及び液状のすべての合成高分子系化合物
(7) 紙くず※	建設工事（工作物の新築、改築又は除去など）から発生したもの パルプ、紙又は紙加工品の製造業、新聞業、出版業、製本業、印刷物加工業から発生したもの PCBが塗布され又は染み込んだもの（全業種）
(8) 木くず※	建設工事（工作物の新築、改築又は除去など）から発生したもの 木材又は木製品製造業、パルプ製造業、輸入木材卸売業から発生したもの PCBが染み込んだもの（全業種） ▪ 物品賃貸業に係るもの（例：家具など）（全業種） ▪ 貨物の流通のために使用したパレット（パレットへの貨物の積付けのために使用したこん包用の木材を含む）（全業種）
(9) 繊維くず※	建設工事（工作物の新築、改築又は除去など）から発生したもの 繊維工業（衣服その他の繊維製品製造業を除く）から発生したもの PCBが染み込んだもの（全業種）
(10) 動植物性残さ※	食料品製造業、医薬品製造業、香料製造業などで、原料として使用された動物性又は植物性の固形状の不要物 発酵かす、パンくず、おから、コーヒーかす、その他の原料かすなど
(11) 動物系固形不要物※	と畜場で処分した獣畜、食鳥処理場で処理をした食鳥など
(12) ゴムくず	天然ゴムくず
(13) 金属くず	研磨くず、切削くず、金属スクラップなど

(14) ガラスくず・コンクリートくず及び陶磁器くず	ガラスくず、耐火レンガくず、陶磁器くず、セメント製造くずなど
(15) 鉱さい	高炉、転炉、電気炉等のスラグ、キューポラのノロ、不良鉱石など
(16) 工作物の新築、改築又は除去に伴って生じたコンクリートの破片その他これに類する不要物 (通常、「がれき類」と略称されます)	コンクリート破片 (セメント、アスファルト)、レンガの破片など
(17) 動物のふん尿※	畜産農業を営む過程で発生した動物のふん尿
(18) 動物の死体※	畜産農業を営む過程で発生した動物の死体
(19) ばいじん	ばい煙発生施設において発生するばいじんで、集じん施設によって集められたもの
(20) 産業廃棄物を処分するために処理したもの (「政令第2条第13号廃棄物」とも言います)	産業廃棄物を処分するために処理したもので、(1)～(19)のそれぞれに該当しないもの コンクリート固形化物、灰の溶融固化物など
(21) 輸入された廃棄物	国外から日本へ輸入された廃棄物 (航行廃棄物と携帯廃棄物を除く)

※は、特定の業種の事業所から排出されるものに限定されます。

一般廃棄物と産業廃棄物判別の例

　例えば、オフィスから発生するコピー用紙は、事業活動に伴って発生する紙ごみですので、産業廃棄物の「紙くず」に該当するように思えます。

　しかし、左のページの「産業廃棄物の具体的な種類」の「紙くず」の欄には、「建設工事 (工作物の新築、改築又は除去など) から発生したもの、パルプ、紙又は紙加工品の製造業、新聞業、出版業、製本業、印刷物加工業から発生したもの」と書かれてあり、一般的なオフィス等はここに書かれた特定の業種に該当しないため、オフィスから発生した紙くずは産業廃棄物ではなく、「(事業系) 一般廃棄物」になります。

　また、製品の包装に使ったプラスチック製の梱包用資材を廃棄する場合、その梱包用資材は「廃プラスチック類」に該当することになりますが、「産業廃棄物の具体的な種類」に記載したとおり、「廃プラスチック類」は業種限定の無い産業廃棄物になりますので、どの業態・業種から発生したかに関わりなく、事業活動に伴って発生したプラスチック製のごみは、すべて産業廃棄物の「廃プラスチック類」になります。

　業種限定が無い産業廃棄物の中では、「廃プラスチック類」と「汚泥」の2種類に注

意が必要です。「廃プラスチック類」はあらゆる産業活動から発生するものであるため、同じ「廃プラスチック類」であっても、種類や性状が千差万別であり、「汚泥」も「廃プラスチック類」と同様に、発生場所や種類、性状が多岐に渡る産業廃棄物であるため、他の産業廃棄物の「廃油」や「動植物性残さ」と混同しないことが大切です。

　業種限定が有る産業廃棄物の中では、「動植物性残さ」と事業系一般廃棄物に該当する「飲食店から発生する食品廃棄物」を混同しないことが重要です。「動植物性残さ」となる産業廃棄物の発生業種は、「食料品製造業、医薬品製造業、香料製造業など」と規定されているため、飲食店はこの業種限定に該当せず、食べ残し等の食品廃棄物は事業系一般廃棄物になります。

特別管理廃棄物について

　廃棄物の中でも、「爆発性、毒性、感染性その他の人の健康又は生活環境に係る被害を生ずるおそれがある性状を有する（廃棄物処理法第2条第3項及び第5項）」ものについては、「特別管理廃棄物」として規定されており、慎重な管理が求められています。

　「特別管理廃棄物」は一般廃棄物と産業廃棄物の両方にあり、それぞれ「特別管理一般廃棄物」と「特別管理産業廃棄物」となります。

●特別管理一般廃棄物の具体的な種類

種類	内容
PCB使用部品	廃エアコン・廃テレビ・廃電子レンジに含まれるPCBを使用する部品
ばいじん	ごみ処理施設の集じん施設で生じたばいじん
ばいじん、燃え殻、汚泥	ダイオキシン特措法の特定施設である廃棄物焼却炉から生じたもので、ダイオキシン類を3ng/gを超えて含有するもの
感染性一般廃棄物[※1]	医療機関等から排出される一般廃棄物であって、感染性病原体が含まれ若しくは付着しているおそれのあるもの

（備考）上記の廃棄物を処分するために処理したものも特別管理廃棄物の対象
※1 排出元の施設限定あり

●特別管理産業廃棄物の具体的な種類

種類	内容
(1) 廃油	揮発油類、灯油類、軽油類（引火点70度未満の燃焼しやすいもの。ただし、難燃性のタールピッチ類等を除く）
(2) 廃酸	著しい腐食性を有するもの（pH2.0以下のもの）
(3) 廃アルカリ	著しい腐食性を有するもの（pH12.5以上のもの）
(4) 感染性産業廃棄物[※1]	医療機関、試験研究機関等から医療行為、研究活動等に伴い発生した産業廃棄物のうち、排出後に人に感染性を生じさせるおそれのある病原微生物が含まれ、若しくは付着し、又はそのおそれのあるもの
(5) 特定有害産業廃棄物	

	廃PCB等	廃PCB（原液）及びPCBを含む廃油
	PCB汚染物	1. PCBが塗布された紙くず
		2. PCBが染み込んだ汚泥、紙くず、木くず、繊維くず
		3. PCBが付着し又は封入された廃プラスチック類、金属くず、陶磁器くず、がれき類
	PCB処理物	廃PCB等又はPCB汚染物の処理物で一定濃度以上PCBを含むもの[※2]
	指定下水汚泥	下水道法施行令第13条の4の規定により指定された汚泥[※2]
	鉱さい	重金属等を一定濃度以上含むもの[※2]
	廃石綿等	1. 建築物から除去した、飛散性の吹き付け石綿、石綿含有保温材及びその除去工事に用いられ、廃棄されたプラスチックシートなど
		2. 大気汚染防止法の、特定粉じん発生施設において生じたものであって、集じん装置で集められた飛散性の石綿など
	ばいじん又は燃え殻[※1]	重金属等及びダイオキシン類を一定濃度以上含むもの[※2]
	廃油[※1]	有機塩素化合物等を含むもの[※2]
	汚泥、廃酸又は廃アルカリ[※1]	重金属、有機塩素化合物、PCB、農薬、セレン、ダイオキシン類等を一定濃度以上含むもの[※2]

（備考）上記の廃棄物を処分するために処理したものも特別管理廃棄物の対象
[※1] 排出元の施設限定あり
[※2] 濃度等は、「廃棄物処理法施行規則」及び「金属等を含む産業廃棄物に係る判定基準を定める省令（判定基準省令）に定める基準」で規定

産業廃棄物を
引き渡すまでにやること

1 産業廃棄物の保管
2 委託基準
3 許可業者等への委託
4 処理状況確認
5 処理状況確認の実施頻度
6 処理状況確認のやり方
7 委託契約書
8 マニフェストの交付と保存

第2章 1 産業廃棄物の保管

　産業廃棄物を処理業者に引き渡すまでの間は、産業廃棄物を外部へ飛散流出させないように、保管基準に則って適切に保管し続けることが必要です。

「保管」と「保存」の違い

　産業廃棄物を処理業者に引き渡すまでは、排出事業者が自分自身で産業廃棄物を「保管」しておく必要があります。

　日常会話においては、「保管」と「保存」に大きな違いはなく、どちらの言葉を使ったとしても意図する意味は伝わります。しかし、産業廃棄物管理実務においては、「保管」と「保存」の違いを理解することが実は重要なのです。

　広辞苑によると、「保管」は「大切なものを、こわしたりなくしたりしないように保存すること」、「保存」は「そのままの状態を保って失わないこと。現状のままに維持すること」という説明がされています。

　広辞苑の定義を元にして廃棄物処理法における「保管」と「保存」を再定義すると、以下のようになります。

> 「保管」…「廃棄物」を外部に飛散流出させないように適切に管理し続けること。
> 「保存」…「委託契約書」や「マニフェスト」等の書類や記録・帳簿等をそのままの状態で置き続けること

　このように、産業廃棄物を一定期間置き続ける場合は、「保存」ではなく、適切な管理を続ける「保管」が必要となります。

　ちなみに、廃棄物処理法で用いられる用語としては、「保存」よりも「保管」の方が圧倒的に多く登場しています。廃棄物処理法で「保存」という用語を使うのは、「委託契約書」「マニフェスト」「帳簿」「施設の維持管理記録」の4種類のみで、「書類や記録をそのまま保存」するという意味合いになっています。

産業廃棄物の保管基準の内容

産業廃棄物保管基準は次のとおりとなっています(廃棄物処理法第12条第2項及び同施行規則8条)。

①周囲に囲いが設けられていること

専用コンテナ等に収納している場合は、その容器自体が囲いの役割を果たしているため、改めてコンテナの周りにフェンスなどを設置する必要はありません。

②見やすい箇所に、産業廃棄物の保管である旨の掲示板を設けること

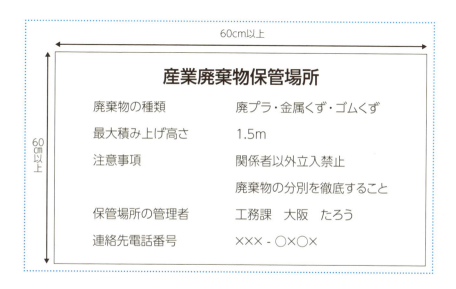

ちなみに、一般廃棄物の保管場所の場合は、上記のような掲示板を設置する義務はありませんが、廃棄物の管理意識を高めるためにも、「その場所に何を保管しているか」を明示し、「一般廃棄物保管場所」の掲示板を設置することは非常に有用です。

③保管の場所から、産業廃棄物が流出、放出、地下浸透、悪臭が発散しないように必要な措置を講じること

> 汚水が生じる恐れがある場合は、公共水域及び地下水の汚染を防止するために、排水溝等の設備を設け、底面を不透水性の材料で覆うことが必要になります。

➢ 屋外における保管の場合は、下記のような「保管高さ」や「勾配」に関する制限があります。

保管場所に囲いがある
● 保管する産業廃棄物の荷重が直接囲いにかかる場所は構造耐力上安全であること

見やすい場所に掲示板を設置する
● 寸法　60㎝×60㎝以上
● 表示内容
　・産業廃棄物の保管の場所である　・保管する産業廃棄物の種類　・管理者氏名又は名称、連絡先
　・屋外で容器を用いずに保管する場合は、積み上げの最大高さ

産業廃棄物の飛散・流出・地下浸透・悪臭の防止
● 汚水による汚染の防止
　・排水溝等の設置　・不浸透性の材料による底面の被覆
● 屋外で容器を用いずに保管する場合は、積み上げの高さを制限

廃棄物が囲いに接しない場合

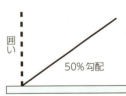

囲いに接しないように保管

囲いの下端から勾配50％以下

廃棄物が囲いに接する場合

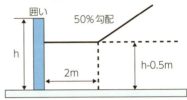

囲いに接するように保管

囲いの内側2m未満は囲いの高さより50㎝以下
囲いの内側から2m以上は、その線から勾配50％以下

ねずみ、蚊、はえなどの発生防止
石綿含有産業廃棄物の保管に係る措置
● 石綿含有産業廃棄物がその他のものと混合しないように仕切り等の設置
● 石綿含有産業廃棄物の飛散防止
　・覆いを設ける、湿潤化　・梱包する　など

出典：旧厚生省および環境省法令資料より日報ビジネス㈱環境編集部作成

④保管の場所には、ねずみ、蚊、はえ、その他の害虫が発生しないようにすること

不適切な保管事例①

(生コン残さを数年間にわたって地面に積上げ、最終的には高さが5mまでなった事例)
- 「産業廃棄物保管場所の掲示板：の設置が無かった
- その場所で認められる保管高さを大幅に超過していた
- 廃棄物を地面にそのまま積上げていたため、汚水が地下浸透する恐れがあったことから、行政から改善命令を受けたが、それを履行しなかったために改善命令違反で、行為者が逮捕された

不適切な保管事例②

(屋根がついている場所ではあるが、廃油や廃液を入れた保管容器に蓋をしないまま保管)

- 地震や容器のそばを通る人との接触によって、容器が転倒するおそれがある。
- 液状の廃棄物は一度飛散流出してしまうと、それを元の状態に戻すのは非常に困難なので、まずは飛散流出させない対策が不可欠。
- さらに、万が一飛散流出した場合に備え、「保管容器を二重に設置」、または「床面を不浸透性の材料で覆う」、あるいは床にこぼれた廃液を一カ所に集めるために「床面に勾配を付けたり」「会所を設置する」といった二重三重の防護策を講じると良いでしょう。

建設廃棄物は保管場所の届出が必要な場合がある

　2010年の廃棄物処理法改正で、300平方メートル以上の場所において建設廃棄物を保管する場合（廃棄物が発生した工事現場で保管する場合を除く）、あらかじめ都道府県知事にその旨を届けることが必要になりました（法第12条第3項）。

　この改正は、不法投棄や不適正保管の温床となりやすい傾向にあった建設廃棄物の保管状況を行政に把握させることと、排出事業者自身に適切な保管を意識付けるための措置と言えます。

　現在のところは建設廃棄物のみに該当する規制ですが、届出を怠ると「6月以下の懲役、または50万円以下の罰金」という刑事罰の対象となります。

　また、非常災害のために必要な応急措置の場合を除き、「保管をし始めてから」ではなく、「あらかじめ」保管場所の届出をしないといけない点にも注意が必要です。

第2章 委託基準

　排出事業者は産業廃棄物を「自ら処理」するか、「外部のプロフェッショナルに処理委託」するかを選択しなければなりません。「委託基準」は、外部業者に産業廃棄物処理の業務委託をする際のルールと手順を定めたものです。

産業廃棄物の処理責任

　委託基準を解説する前に、「産業廃棄物の処理責任は誰にあるか」をおさらいしておきます。廃棄物処理法では、「産業廃棄物はそれを発生させた事業者の責任において処理しなくてはならない」と定められています。

> 廃棄物処理法第11条
> 事業者は、その産業廃棄物を自ら処理しなければならない。

　これが基本原則となりますが、会社規模の大小や業態の別を問わずに、すべての排出事業者に自ら産業廃棄物を処理することを求めるのも現実的ではありません。
　そこで、自ら産業廃棄物を処理できない排出事業者については、「産業廃棄物処理業者」他の産業廃棄物処理を業として行うプロフェッショナルに対し、自社（排出事業者）の代わりに産業廃棄物を処理することを業務委託することを認めています（廃棄物処理法第12条第5項から第7項）。
　ただし、産業廃棄物処理という業務自体は外部のプロフェッショナルに委託できますが、そもそもの排出事業者に課された処理責任は、産業廃棄物の処理が完了するまでの間は排出事業者に残り続けます。そのため、一般的な業務委託とは異なり、産業廃棄物処理の場合は、「外部のプロに処理を任せたのだから、不適切な処理が行われたとしてもそれは委託先の外部業者の責任だ」という責任回避が行いにくいのです。
　このように、排出事業者が産業廃棄物処理に臨む際の立場としては、「排出事業者が自ら処理する」か、「外部のプロフェッショナルに業務委託をするために、委託基準で定められた手続きを一つずつ履行する」の二者択一となります。

委託基準

産業廃棄物処理の委託基準のエッセンスは下記の3つです。

1. 許可業者等への処理委託（廃棄物処理法第12条第5項）
2. 法定記載事項を網羅した委託契約書の作成と保存（廃棄物処理法第12条第6項）
3. 法定記載事項を網羅したマニフェストの交付と返送されてきたマニフェスト写しの保存（廃棄物処理法第12条の3）

委託基準に関する条文は、廃棄物処理法第12条第5項から同条第7項までなので、厳密には「マニフェストの交付と保存」は委託基準とは別の義務という位置づけになりますが、実務でやらなくてはいけない手続きの一つであることに違いはありませんので、本書では「マニフェストの交付と保存」も委託基準の一部を構成するものとして取り扱います。

委託基準に対する処理業者の責任

委託基準は、排出事業者が処理業者に委託する際の基準ですので、「マニフェストの運用と保存」以外は、処理業者にそれを守る義務はありません。先述したとおり、「マニフェストの運用と保存」は、委託基準とは別の条文に基づく義務となりますので、処理業者にも遵守する義務があります。

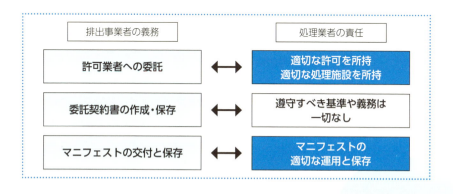

それぞれの委託基準の詳細はこの後のページで解説いたします。

第2章
3 許可業者等への委託

　無許可業者や適切な許可を持たない処理業者に委託をしてしまうと、不法投棄などの不適正処理のリスクが高まるのみならず、委託基準違反として委託者自身が刑事罰の適用対象になりますので、委託先処理業者の許可内容をよく確認しましょう。

委託先となり得る外部業者の定義

　委託基準の中に「産業廃棄物処理業者に委託すること」があると書きましたが、産業廃棄物処理業の許可業者であればどこでも良いというわけではなく、委託先は「排出事業者が頼もうと思っている産業廃棄物処理（破砕や焼却等）の許可を有した」処理業者でなければなりません。
　それがどんな処理業者であるかについては、廃棄物処理法施行令第6条の2で次のように規定されています。

廃棄物処理法施行令第6条の2
（事業者の産業廃棄物の運搬、処分等の委託の基準）
法第12条第6項の政令で定める基準は、次のとおりとする。
　一　産業廃棄物（略）の運搬にあつては、①他人の産業廃棄物の運搬を業として行うことができる者であつて②委託しようとする産業廃棄物の運搬がその事業の範囲に含まれるものに委託すること。
　二　産業廃棄物の処分又は再生にあつては、①他人の産業廃棄物の処分又は再生を業として行うことができる者であつて②委託しようとする産業廃棄物の処分又は再生がその事業の範囲に含まれるものに委託すること。

　ポイントは2つあります。

①委託する業務（収集運搬や中間処理）に対応した内容の業許可を持っているか
　⇒　収集運搬を委託する場合は収集運搬業の許可を有した処理業者に、中間処

理を委託する場合は中間処理業の許可を有した処理業者に委託をしなければならないという意味もある。

②あなたが委託しようとしている産業廃棄物を本当にその業者が処理できるか
⇒ 許可証の表現（許可内容）に、委託しようとしている産業廃棄物の種類（例「木くず」）が含まれているか。委託先業者が許可を取得していない産業廃棄物の処理委託をした場合は、無許可業者に処理委託をしていたと同視されるので、委託先処理業者の許可内容の確認は非常に重要です。

また、産業廃棄物処理業の許可を持たない事業者であっても、下記にあてはまる事業者については、廃棄物処理法で「産業廃棄物処理を委託できる相手」として規定されているため委託することが可能です。

産業廃棄物収集運搬業者以外で運搬を委託可能な相手（廃棄物処理法第12条第5項、廃棄物処理法施行規則第8条の2の8から抜粋）

1. 市町村または都道府県
2. 専ら再生利用の目的となる産業廃棄物のみの収集または運搬を業として行う者
3. 海洋汚染防止法の許可を受けて廃油処理事業を行う者、または国土交通大臣に届出をして廃油処理事業を行う港湾管理者、もしくは漁港管理者（廃油の収集または運搬を行う場合に限る。）
4. 再生利用されることが確実であると都道府県知事が認めた産業廃棄物のみの収集又は運搬を業として行う者、都道府県知事の指定を受けたもの
5. 環境大臣が定めた特定の産業廃棄物を、環境大臣の指定を受けて収集運搬する者（当該産業廃棄物のみの収集運搬を非営利で業として行う場合限定）
6. 国
7. 広域臨海環境整備センター法に基づいて設立された広域臨海環境整備センター（産業廃棄物の収集又は運搬を行う場合に限る。）
8. 日本下水道事業団（産業廃棄物の収集又は運搬を行う場合に限る。）
9. 産業廃棄物の輸入に係る運搬を行う者（自ら輸入の相手国から日本までの

運搬を行う場合に限る。)
10. 産業廃棄物の輸出に係る運搬を行う者(自ら日本から輸出の相手国までの運搬を行う場合に限る。)
11. 食料品製造業において原料として使用した動物に係る固形状の不要物(事業活動に伴って生じた牛の脊柱)のみの収集又は運搬を業として行う者
12. と畜場においてとさつし、又は解体した獣畜及び食鳥に係る固形状の不要物(事業活動に伴つて生じたもの限定)のみの収集又は運搬を業として行う者
13. 動物の死体(事業活動に伴つて生じた畜産農業に係る牛の死体)のみの収集又は運搬を業として行う者
14. 廃棄物処理法第19条の8第1項に基づく行政代執行の際に、環境大臣または都道府県知事の委託を受けて、委託に係る産業廃棄物のみの収集または運搬を行う者
15. 法第15条の4の2第1項の認定(産業廃棄物の再生利用認定)を受けた者(当該認定に係る産業廃棄物の運搬を行う場合に限る。)
16. 法第15条の4の3第1項の認定(産業廃棄物の広域認定)を受けた者(当該認定に係る産業廃棄物の当該認定に係る運搬を行う場合に限る。)
17. 法第15条の4の4第1項の認定(産業廃棄物の無害化処理認定)を受けた者(当該認定に係る産業廃棄物の運搬を行う場合に限る。)

産業廃棄物処分業者以外で処分を委託可能な相手(廃棄物処理法第12条第5項、廃棄物処理法施行規則第8条の3から抜粋)

1. 市町村又は都道府県
2. 専ら再生利用の目的となる産業廃棄物のみの処分を業として行う者
3. 海洋汚染防止法の許可を受けて廃油処理事業を行う者、または国土交通大臣に届出をして廃油処理事業を行う港湾管理者、もしくは漁港管理者(廃油の処分を行う場合に限る。)
4. 国
5. 広域臨海環境整備センター法に基づいて設立された広域臨海環境整備センター(産業廃棄物の処分を行う場合に限る。)

6. 日本下水道事業団（産業廃棄物の処分を行う場合に限る。）
7. 動物の死体の処分を業として行う者（化製場において処分を行う場合に限る。）
8. 廃棄物処理法第19条の8第1項に基づく行政代執行の際に、環境大臣または都道府県知事の委託を受けて、委託に係る産業廃棄物のみの処分を行う者
9. 法第15条の4の2第1項の認定（産業廃棄物の再生利用認定）を受けた者（当該認定に係る産業廃棄物の処分を行う場合に限る。）
10. 法第15条の4の3第1項の認定（産業廃棄物の広域認定）を受けた者（当該認定に係る産業廃棄物処分を行う場合に限る。）
11. 法第15条の4の4第1項の認定（産業廃棄物の無害化処理認定）を受けた者（当該認定に係る産業廃棄物の処分を行う場合に限る。）

特別管理産業廃棄物収集運搬業者以外で特別管理産業廃棄物の運搬を委託可能な相手（廃棄物処理法第12条の2第5項、廃棄物処理法施行規則第8条の14から抜粋）

1. 市町村または都道府県
2. 海洋汚染防止法の許可を受けて廃油処理事業を行う者、または国土交通大臣に届出をして廃油処理事業を行う港湾管理者、もしくは漁港管理者（廃油の収集または運搬を行う場合に限る。）
3. 国
4. 特別管理産業廃棄物の輸入に係る運搬を行う者（自ら輸入の相手国から日本までの運搬を行う場合に限る。）
5. 特別管理産業廃棄物の輸出に係る運搬を行う者（自ら日本から輸出の相手国までの運搬を行う場合に限る。）
6. 廃棄物処理法第19条の8第1項に基づく行政代執行の際に、環境大臣または都道府県知事の委託を受けて、委託に係る特別管理産業廃棄物のみの収集または運搬を行う者
7. 法第15条の4の3第1項の認定（産業廃棄物の広域認定）を受けた者（当該認定に係る特別管理産業廃棄物の当該認定に係る運搬を行う場合に限る。）
8. 法第15条の4の4第1項の認定（産業廃棄物の無害化処理認定）を受けた者（当該認定に係る特別管理産業廃棄物の運搬を行う場合に限る。）

特別管理産業廃棄物処分業者以外で特別管理産業廃棄物の処分を委託可能な者
（廃棄物処理法第12条の2第5項、廃棄物処理法施行規則第8条の15から抜粋）

1. 市町村又は都道府県（特別管理産業廃棄物の処分をその事務として行う場合に限る。）
2. 海洋汚染防止法の許可を受けて廃油処理事業を行う者、または国土交通大臣に届出をして廃油処理事業を行う港湾管理者、もしくは漁港管理者（廃油の処分を行う場合に限る。）
3. 国（特別管理産業廃棄物の処分をその業務として行う場合に限る。）
4. 廃棄物処理法第19条の8第1項に基づく行政代執行の際に、環境大臣または都道府県知事の委託を受けて、委託に係る特別管理産業廃棄物のみの処分を行う者
5. 法第15条の4の3第1項の認定（産業廃棄物の広域認定）を受けた者（当該認定に係る特別管理産業廃棄物の処分を行う場合に限る。）
6. 法第15条の4の4第1項の認定（産業廃棄物の無害化処理認定）を受けた者（当該認定に係る特別管理産業廃棄物の処分を行う場合に限る。）

一般廃棄物の処理を委託する場合は

　一般廃棄物の処理を外部のプロフェッショナルに委託する際にも委託基準があり、廃棄物処理法施行令第4条の4で「他人の一般廃棄物の運搬又は処分若しくは再生を業として行うことができる者であつて、委託しようとする一般廃棄物の運搬又は処分若しくは再生がその事業の範囲に含まれるものに委託すること」と定められています（許可業者等への委託）。

　ただし、産業廃棄物の場合とは異なり、委託契約書の作成と保存は義務付けられていません。もちろん、マニフェストを運用する義務もありません。もっとも、一般廃棄物の処理委託においても、後日の紛争を防止するために、双方の合意条件を契約書で明確にしておいた方が望ましいのは言うまでもありません。

許可証の見るべきポイント

　相手が委託基準に反しない取引先かどうかを見極めるための許可証の見るべきポイントは以下の3点です。

① **どの自治体の許可か**

　収集運搬業の場合は、産業廃棄物の回収地（産業廃棄物を車両に積み込む場所）と運搬先（産業廃棄物を車両から下す場所）の両方の自治体の許可が必要となります。2010年改正により、それまでは政令市で収集運搬を行う場合は、都道府県とは別に政令市の許可が必要だったところ、都道府県から政令市を含めた都道府県全域の運搬許可を取得することができるようになっています。ただし、積替え保管を行う場合で、その場所が政令市内にあるときは、都道府県ではなく政令市の許可が必要となることにもご注意ください。

　中間処理や最終処分の場合は、産業廃棄物処理施設がある自治体（都道府県または政令市）の許可が必要となります。

② **許可の有効期限**

　許可には有効期限が必ずありますので、その期限がまだ到来していないかどうかを必ず確認します。ただし、許可期限が到来する前に更新許可申請を行っている場合は、許可証の有効期限が到来した後においても、行政から「不許可」にされない限りそれまでと同様の事業を行うことが法律で認められています（廃棄物処理法第14条第3項）ので、処理業者に事情を確認したうえで、更新許可申請をしている証拠として、自治体が受付処理をした更新許可申請書の控えなどを送ってもらうと良いでしょう。

③ **取り扱える産業廃棄物の種類**

　許可証に記載されている産業廃棄物の種類であっても、その処理業者の施設では処理できない産業廃棄物であれば、やはりその業者には処理委託できないということになります。そのため、許可証を見るだけではなく、産業廃棄物のサンプルを提供して処理可能かどうかを確認したり、実際に現地確認をして許可内容と施設の状況を照合してみることが必要です。例えば、同じ「廃プラスチック類」であっても、軟質系プラスチックと硬質系プラスチックでは、中間処理に適した施設がそれぞれ異なります。

　まともな処理業者なら、機械の故障の原因となり得る産業廃棄物を積極的に引き受けることはありませんが、遵法意識の低い処理業者の場合は、目先の売上を重視し必要以上に柔軟な受け入れを積極果敢に行うことがあります。そして柔軟に受け入れてくれたはずの産業廃棄物が不法投棄され、委託者にも責任追及が行われるというケースがよくあります。

　現地確認については、後で詳しく解説いたします。

　　　　　　　　　　　　　　　　　　許可番号　第************号

産業廃棄物収集運搬業許可証

住　所　　大阪市北区天満○○

氏　名　　株式会社大阪運搬

　　　　　代表取締役　　　大阪　　一郎

廃棄物の処理及び清掃に関する法律　第十四条第一項　の許可を受けたものであることを証する

　　　　　　　　　兵庫県知事　　　△△　　□□印

許可年月日　　平成27年6月21日

許可の有効期限　平成32年6月20日

1．事業の範囲
　　収集運搬業（積替え・保管を含まない）

　　取扱産業廃棄物の種類
　　(1)廃プラスチック類（石綿含有産業廃棄物を含む）
　　(2)紙くず
　　(3)木くず
　　(4)繊維くず
　　(5)ゴムくず
　　(6)金属くず
　　(7)ガラスくず、コンクリートくず及び陶磁器くず（石綿含有産業廃棄物を含む）
　　(8)工作物の除去に伴って生じたコンクリートの破片その他これに類する不要物（石綿含有産業廃棄物を含む）
　　　　　　　　　　　　　　　　　　　　　　　　　　　　　　以上8種類

2．許可の条件
　　(1)　当該産業廃棄物の運搬先については排出事業者の指示に従い、運搬先の受入条件を遵守すること。

3．許可の更新及び変更の状況
　　平成22年6月21日　　新規許可
　　平成27年6月21日　　更新許可

　　　　　　　　　　　　　　　　　　　　　　　　　　　　　整理番号
　　　　　　　　　　　　　　　　　　　　　　　　　　　　　第　　　号

許可番号　第＊＊＊＊＊＊＊＊＊＊＊＊号

産業廃棄物処分業許可証

住　所　　兵庫県宝塚市旭町○○

氏　名　　エコクリーン宝塚株式会社

　　　　　代表取締役　　　江庫　　一郎

廃棄物の処理及び清掃に関する法律　第十四条第六項　の許可を受けたものであることを証する

　　　　　兵庫県知事　　　△△　　□□　印

許可年月日　　平成27年3月1日

許可の有効期限　平成32年2月28日

1．事業の範囲
　　事業の区分：中間処理（破砕・圧縮）

　　取扱産業廃棄物の種類
　　(1)廃プラスチック類
　　(2)紙くず
　　(3)木くず
　　(4)繊維くず
　　(5)ゴムくず
　　(6)金属くず
　　(7)ガラスくず、コンクリートくず及び陶磁器くず
　　(8)工作物の除去に伴って生じたコンクリートの破片その他これに類する不要物
　　　　　　　　　　　　　　　　　　　　　　　　　　　以上8種類

2．事業の用に供する施設
　　破砕施設　　　　　　　　　　　　　　　圧縮施設
　　　産業廃棄物の種類　　　　　　　　　　　産業廃棄物の種類
　　　　(1),(2),(3),(4),(5),(6),(7),(8)に限る　　　(1),(2),(4)に限る
　　　設置場所　：兵庫県宝塚市旭町○○　　　設置場所　：兵庫県宝塚市旭町○○
　　　設置年月日：平成17年3月1日　　　　　設置年月日：平成17年3月1日
　　　処理能力　：20t／日　　　　　　　　処理能力　：4.9t／日
　　　許可年月日：平成17年2月1日
　　　許可番号　：第○○○○号

3．許可の条件
　　なし

4．許可の更新及び変更の状況
　　平成17年3月1日　　新規許可
　　平成22年3月1日　　更新許可
　　平成27年3月1日　　更新許可

　　　　　　　　　　　　　　　　　　　　　　　　　　　整理番号
　　　　　　　　　　　　　　　　　　　　　　　　　　　第＃＃＃＃号

第2章 4 処理状況確認

「処理状況確認」は刑罰を伴わない努力義務ではありますが、まったくそれを実行しない場合は措置命令の対象になることがあります。また、地方自治体によっては、条例で独自に確認の「頻度」や「方法」を規制しているところがありますので、ご注意ください。

「処理状況確認」の位置づけ

産業廃棄物処理の委託先処理業者と契約を行う前にやるべきこととして、「処理状況確認」があります。「処理状況確認」の廃棄物処理法に基づく定義は、

> 第12条第7項
> 事業者は、前2項の規定によりその産業廃棄物の運搬又は処分を委託する場合には、当該産業廃棄物の処理の状況に関する確認を行い、当該産業廃棄物について発生から最終処分が終了するまでの一連の処理の行程における処理が適正に行われるために必要な措置を講ずるように努めなければならない。

とされています。

法的な「委託先処理業者の処理状況確認」の位置づけとしては、必ずしも現場を訪問することまでは求められていません。「処理状況確認」は2010年改正で追加された規定ですが、環境省が公開しているQ&Aで次のように説明されています。

> **Q1.** 必ずしも実地確認を行わなくてもよいのですか。
> **A1.** 処理の状況について適切に確認していれば、必ずしも実地に行うことを求めるものではありません。

http://www.env.go.jp/recycle/waste_law/kaisei2010/qa.html

ただし、現実問題としては、インターネットや許可証の情報だけで産業廃棄物処理業者の信頼性を見極めることは困難なのも事実です。その業者の従業員教育レベルや、場内の整理整頓の状況等、現地に行かないとわからない重要な情報がたくさ

んあるからです。「処理状況確認」に伴うリスクの評価や、それへの対処方針等は、54ページで詳しく解説します。

　ちなみに、先にご紹介したQ&Aの続きに、

> **Q2.** 確認を怠っていた場合、罰則の対象となりますか。
> **A2.** 努力義務であるため罰則の対象となることはありませんが、法第19条の6の規定に該当する場合には、措置命令の対象となり得ます。

というものがあります。措置命令については第3章で詳しく解説しますが、措置命令の対象になると、安くはない産業廃棄物撤去費用の負担が必要となったり、不適正処理の原因者として報道されたりと、企業としては絶対に避けたい状況に陥ることになりますので、「処理状況確認」を軽視するのは危険です。

地方自治体の条例による規制にも注意

　ここまで述べてきたことは廃棄物処理法上の規制についてですが、地方自治体によっては、条例で独自に処理状況確認のルールを課しているところがあります。

　具体的には、廃棄物処理法では「実地確認を絶対にしなさい」とは書かれていませんが、地方自治体によっては、条例で「委託先処理業者を実際に訪問し、処理状況を確認すること」を義務付けているところがあります。

　また、廃棄物処理法では処理状況の確認頻度などは特に定められていませんが、地方自治体の条例では「年に1回実地確認すること」と定めているところがあります。

　そのため、産業廃棄物を発生させる事業所が位置する地方自治体に対し、

- 処理状況確認を具体的に規制する条例があるかどうかを確認し、
- 条例がある場合は、その条例で要求される処理状況確認の内容（実施頻度や実地確認が必要かなど）を把握して、実際にそれを実行する

ことが必要になります。

　その他、「優良業者認定」を受けた産業廃棄物処理業者に委託するときは、条例で実地確認義務を免除している地方自治体がありますので、まずは条例の条文をよく読み、「求められていること」と「免除されていること」の両方を正確に把握するようにしましょう。

第2章 5 処理状況確認の実施頻度

　産業廃棄物管理担当者個人としても、信頼できる産業廃棄物処理業者と取引をすることは非常に重要です。そのためには現地を訪れて処理状況を確認する必要がありますが、取引開始後は、相手方の信頼性の高低に応じて、訪問頻度にメリハリを付けると良いでしょう。

処理状況確認を怠った場合のリスク

　先述したとおり、処理状況確認を一切行わなかったために委託先処理業者の不適正処理を見過ごす結果になってしまった場合は、措置命令（廃棄物処理法第19条の6）の対象になることがあります。

　しかしながら、そのような最悪のケース以外に至らずとも、委託先の不適正処理と排出事業者の委託基準違反の両方が発覚すると、

- 企業の場合は、「廃棄物撤去費用の負担」や「社名が公表される」というリスク
- 巨額の廃棄物撤去費用の負担が必要になった企業の役員の場合は、後日「株主から『株主代表訴訟』を起こされる」リスク
- 担当者の場合は、「刑事事件の被告人として起訴される」リスク

がそれぞれあります。

　また、委託先処理業者の事業所で産業廃棄物処理施設に関する事故が発生した場合にも、不適正処理をしていたわけではないにもかかわらず、警察や行政から委託状況に問題が無かったかを調査されることがあります。その他、処理業者の悪意や過失の有無にかかわらず、一度事故で操業が止まってしまうと、「委託していた産業廃棄物をどうするか」「これから発生する産業廃棄物を別の業者に委託し直す」などの、余分な手間が発生してしまいます。

　もちろん、排出事業者自身が委託基準を遵守することが最も重要なのですが、「不適正処理や施設の事故を起こさない」という覚悟を決めた処理業者と取引することの重要性もご理解いただけると思います。

処理状況確認のタイミングと頻度

　地方自治体の条例で「年1回実施すること」と義務付けられているところは、そのとおりに実施するしかありませんが、条例で特段の規制がされていないところでは、どのようなタイミングで処理状況確認をするべきなのでしょうか。

　まず、はじめて取引をする中間処理業者（排出事業者が直接最終処分を委託する場合は最終処分業者も）の場合は、現場を訪問した上で、取引先として適切かどうかを実際に確認したいところです。

　収集運搬業者の場合は、積替え保管許可を有していない処理業者の場合、訪れるべき"現地"がありませんので、「許可内容」や「財務状況」を確認するくらいしかできることはありません。積替え保管の許可を有している収集運搬業者と取引を始める場合は、積替え保管を委託するかどうかにかかわらず、産業廃棄物の保管現場を訪れ、「保管状況に問題がないか」などを確認するようにしましょう。

　次に、取引開始後の実施頻度についてですが、これは「委託している産業廃棄物の量」「代替業者を容易に確保できるか」「処理業者の信頼性」の3つの変数で考慮すると良いでしょう。

　「委託する産業廃棄物の量」が多い委託先については、事故や不適正処理に巻き込まれた時のリスクがそれだけ高まりますので、「毎年訪問」あるいは「数年に1回は訪問」し、処理状況を確認しておくことをお奨めします。

　「代替業者が他にいない」場合も、その委託先業者の事故や不適正処理に巻き込まれると被害がより大きくなりますので、比較的頻繁に訪問し、経営状況や従業員の教育が継続的に行われているかなどを確認すると良いでしょう。

　自社基準によると「信頼性が低い」委託先の場合は、前回の与信調査時に改善要望した内容を改善してくれたかどうかを確認するために、半年か1年後を目途に訪問すると良いでしょう。

委託している産業廃棄物の量	代替業者の存在	処理業者の信頼性
委託量が多ければ多いほど、委託先で不適正処理が起こった場合に改善コストが高くなる	1つの処理業者に集中しすぎると、その業者が操業できなくなった時のリスクが高くなるので、「定期的に訪問」するか、「代替業者を確保しておく」ことが必要	急な倒産や行政処分にまきこまれないように、信頼性の低い委託先には頻繁な訪問が必要

先述した３つの変数の評価基準の詳細は自由に設定いただいて結構です。企業規模によっては、「毎月100t」の委託量でも「少ない」と考える企業がある一方で、「毎月10t」の委託量を「多い」と評価する企業が当然存在するからです。肝心なことは、委託先処理業者が原因となって発生するリスクを客観的に算定できるような社内ルールを決めておくことです。

　取引先処理業者が多い企業の場合は、次に示すような方法でリスクを算定し、「3点以下の委託先は毎年訪問」「6点以上の委託先は5年に1回の訪問」等と、委託先処理業者の信頼性に応じて訪問頻度を変化させると良いでしょう（評価や訪問頻度の基準については、各社の実情に応じて使いやすいように自由に設定してください）

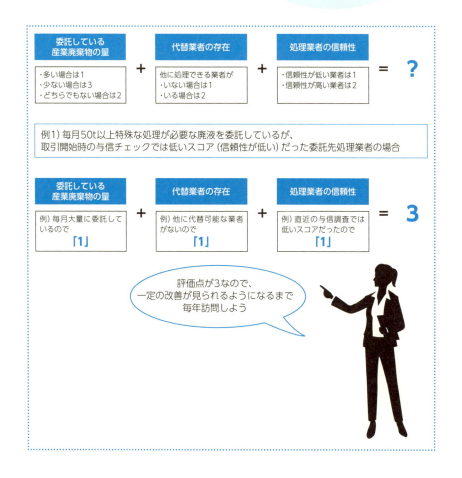

例2) 毎月10t程度の汚泥の中間処理を5年間委託し続けている。5年間一度の事故を起こすことなく、安全に汚泥を処理してくれている委託先処理業者で、財務状況も良好な企業の場合

- **委託している産業廃棄物の量**
  - 汚泥の発生量に占める割合としては、10tはそれほど多くないので少量と言える。
- **代替業者の存在**
  - 汚泥を処理できる産業廃棄物処理業者は近隣に2社あるので、万が一のバックアップとして少量の産業廃棄物取引をその2社とも継続している。
- **処理業者の信頼性**
  - 5年間の取引実績があり、その間一度の事故も起こしていないので、安全面の信頼性は高い。
  - また、財務状況が良く、安全対策に関する従業員教育を継続的に行っているため、信頼性は非常に高いと評価できる。

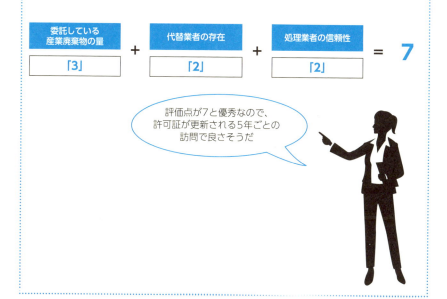

委託している産業廃棄物の量	代替業者の存在	処理業者の信頼性	
「3」	＋「2」	＋「2」	＝ 7

評価点が7と優秀なので、許可証が更新される5年ごとの訪問で良さそうだ

第2章 6 処理状況確認のやり方

　与信調査の一環として「処理状況確認」を行うためには、自社が出す産業廃棄物の性状や処理フローなどを理解することが不可欠です。また、あらかじめ社内で現地確認の際に「見るべきこと」と「聞くべき」ことを議論し、現地確認の目的を明確にすることが大切です。

「処理状況確認」の目的の再確認

　処理状況確認は法律上の（努力）義務ではありますが、「義務だから行う」のではなく、「取引先の与信調査の一環として行うべき」というのが本書の主張となります。

　そのため、以下ご説明する内容には、廃棄物処理法で規制されている内容も含まれますが、廃棄物処理法の規制とは無関係な与信調査としての着眼点が含まれています。

　ただし、財務面の与信調査ももちろん重要なのですが、それについては既にたくさんの解説本が出回っていますので、本書では財務面以外の着眼点について解説します。

「処理状況確認」の心得

①単なる見学ではなく、与信管理の一環
②自社が出す廃棄物情報を適切に公開すること
③把握したい内容
　　　現状の遵法状況
　　　将来的に経営破たんする可能性はないか
　　　会社の信頼性
　　　公開情報の真偽
　　　従業員教育のレベル（特に安全対策面）
④確認結果を記録として保存すること

①については先述したとおりです。

②は、排出事業者が、産業廃棄物に含まれる有害物質や、取扱上の注意点などを委託先業者に正確に告げないと、処理業者側は適切な対応ができない場合があります。廃棄物処理法では、そのような情報をWDS（廃棄物データシート）等で委託者から受託者に情報提供することが義務付けられていますので、処理業者と相談の上必要な情報を提供しなければなりません。

③は、61ページで詳細を解説します。

④については第3章で詳しく解説しますが、処理状況確認の結果を記録としてまとめ、それを組織内で共有しておくことが重要です。

「処理状況確認」の実施手順

「処理状況確認」の一連の流れを示すと、下記のようになります。

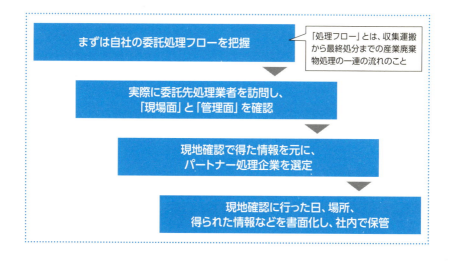

現地確認前の準備

何の情報も持たずに委託先処理業者を訪問するのはコストと時間の無駄ですので、入念な準備が必要となります。一番初めに必要な準備は、「自社が発生させる産業廃棄物の処理フロー」を理解することです。

産業廃棄物の処理フローとは、次のページで示すように、産業廃棄物の発生か

ら最終処分されるまでの一連の工程を図式化したものです。

　この流れを念頭に現地確認を行うと、目の前の産業廃棄物処理施設で処理フローどおりの適切な処理が行われているかどうかがわかります。例えば、処理フロー上は「木くずを破砕後にチップとして売却」と書かれている場合でも、「破砕後の木くずは売却可能な物になっているか？」と意識的に観察することで、実際の操業と処理フローの間の齟齬を見抜けるようになります。

　また、現地確認の際には、委託先処理業者の許可内容と操業の様子を照らし合わせて確認する必要がありますので、事前に許可証のコピーを送付してもらいましょう。

チェックリストの準備

　事前準備が終わったら、現地確認の際に使用するチェックリストを作成します。チェックリストの出来によって、与信調査の成果は大きく変化しますので、社内でじっくりと議論を深めたいところです。また、完成したチェックリストについても、処理状況確認を重ねるうちに不備や不足が見つかるはずですので、適宜修正を加えていく必要があります。

　チェックすべき内容については、各社のルールや価値観に基づいて考えていく必要があります。行政が公開しているチェックリストを参照するのも良いですが、行政のチェックリストは「産業廃棄物処理基準に適合しているかどうか」を確認するための様式ですので、与信調査の一つの項目としては使えたとしても、それだけで

は不十分です。

現地で確認しておきたいポイント

現地確認の際の着眼点は、大きく分けると下記の6点になります。

①財務基盤は堅固か？
②廃棄物の保管場所があふれかえっていないか？
③許可内容と実際の操業に齟齬が生じていないか？
④挨拶などの基礎的な従業員教育ができているか？
⑤事故が起こった場合を想定した対策が取られているか？
⑥安全対策などの研修計画や研修記録などを見せてくれるか？

①与信調査である以上、財務諸表の提供を依頼し、その内容を精査する必要があります。ただし、取調べや税務調査ではありませんので、固定資産や経費の詳細な内訳を要求する必要はありませんし、そうするべきでもありません。また、処理業者側においては、財務諸表の開示義務はありませんが、外部の調査会社でも入手可能な情報については、自主的に開示をした方が取引先から好印象を持たれます。
②常に廃棄物の保管場所があふれかえっている処理業者の場合は、事故や火災が発生しやすくなります。また、経営状況の悪化により、廃棄物を大量に引き受けながらも、それを処理しないまま倒産してしまう企業がたまに現れます。保管場所の異常を見つけた場合は、「なぜ未処理の産業廃棄物を大量に保管しているのですか？」と質問し、それに対する処理業者の回答内容及び回答姿勢で信頼性を判断しましょう。
③については先述したとおりです。
④実際に産業廃棄物処理を行うのは、経営者ではなく、現場で働く人なので、その人たちが法律違反を起こさないことが重要です。規制に関する知識があることは当然として、社会人として挨拶などの基本的な所作が身についているかどうかは極めて有効なチェックポイントになります。
⑤⑥産業廃棄物処理現場で事故が発生すると、処理業者には大きな損害が発生し、排出事業者にも委託先の再確保や、行政への報告等の煩雑な手間が掛かります。

信頼性の高い処理業者は、事故が発生した場合の対策を平常時から準備しており、現場作業員に安全意識を植え付けるためにも頻繁に訓練や研修を繰り返しています。

　また、安全意識が高い処理業者の中には、万が一事故が発生した場合に備え、二重三重の安全措置を設備面から講じているところもあります。

　信頼性の高い処理業者の共通点としては、「安全面の対策を質問すると、自社の取組内容を喜々として説明してくれる」ということがあります。

　安全対策を重視できるということは、財務状況が良いということになりますので、この一点だけでその業者の信頼性の高低がかなり明確になります。

現地確認の際のチェック項目例

　以下、チェックしておきたい項目の例をいくつか挙げますので、実際に現地確認を行う際の参考としてください。「誰かの価値観に基づく質問集」では本当の意味での与信調査はできませんので、組織内で「何を見るか」「何を聞くか」に関してじっくりと議論したうえで、それぞれの企業にとって最適なチェックシートを作成してください。

（処理現場）

- 安全管理活動が現場の隅々で徹底されているか
- 処理施設の稼働状況
    - 許可外の廃棄物を処理していないか
    - 設備の故障や不調が放置されていないか
- 廃棄物の保管方法
    - 保管場所の管理は適切か
    - 飛散流出・地下浸透していないか、ヤードの壁は安全か
    - 大量に貯まりすぎていないか
- 事業場入口付近に設置された掲示板の内容
- 事業場に出入りする車
    - 「産業廃棄物運搬車」の表示がない車が頻繁に出入りしていないか
    - 搬入ばかりが続き、廃棄物が大量に滞留している場合は要注意

- 処理施設の稼働率
- 作業環境が整理整頓されているか
- 社外の人間に隠す場所がないか
- 中間処理は完全に行われているか
- 人員配置や教育は適切か
- 従業員の教育水準
    - 挨拶がちゃんとできているか
    - 経営者の指示・命令が徹底しているか

(信頼性)

- 優良処理業者認定を受けているか
- 契約書とマニフェストの保管状況
    - 中間処理業者の場合は、最終処分先の現地確認結果を確認すること
    - 支障がない範囲で、契約書やマニフェストの運用状況を閲覧させてもらうことも有効
- 決算書などの財務諸表
    - HPなどで財務情報が公開されていない場合は、コピーを提供してもらう

(与信調査)

- 従業員の出勤率
- 事務所に来る来客の雰囲気
- 事務所内の様子
    - 私語が多すぎないか？
    - 服装が乱れていないか？
- 玄関やトイレが清潔に保たれているか
- 棚や段ボールに埃が積もっていないか

現地確認が終わったら

確認結果を写真とともにまとめ、「委託先処理業者の処理状況確認を行った」証拠として保存します。その際の注意点は、第3章で詳しく解説します。

第2章 7 委託契約書

「委託契約書」は、産業廃棄物処理委託契約の基礎となる非常に重要な書類です。法定記載事項を契約書上に漏れなく明示することが必要です。法定記載事項は難解に見えるかもしれませんが、一つ一つは単純な内容ですので、じっくりと読み進めてみてください。

委託契約書の位置づけ

委託先処理業者の与信調査が終わり、信頼に足る相手だとわかったら、次にやるべきことは産業廃棄物処理委託契約です。

先述したとおり、委託契約書の作成は委託基準の中の重要な要素の一つに過ぎませんが、契約書は、マニフェストの運用の基礎となるものですし、後日不適正処理に巻き込まれた際に、委託者の責任を果たしていたかどうかを判断するための一番重要な証拠となります。

このように重要な役割を持つ委託契約書ですが、現状では、多くの排出事業者が処理業者に契約書の作成を全面的に任せていると思われます。任せる相手が誠実、かつ正しい実務知識を有した処理業者であれば問題はありませんが、残念ながらそうした優秀な処理業者は、今のところごく少数と言わざるを得ません。

こうして法的に無防備な委託契約書が日々量産され、不適正処理が起こった時点で、委託者を守るどころか、逆に委託者としての責任を果たしていなかった不利な証拠として、自分の首を絞める書類になっています。

委託契約書への正しい接し方

委託契約書は、委託者責任を適切に果たした証拠となる文書です。そのため、作成は処理業者に任せたとしても、書かれている内容は排出事業者自身が理解していなければなりません。最低限不可欠なことは、廃棄物処理法で定められている法定記載事項を漏らすことなく明示した契約書を作成及び保存することです。契約書の保存期間は、「契約終了後から5年間」です。「契約開始日から5年間」ではなく、「契約終了から5年間」であることにご注意ください。

廃棄物処理法で求められる委託契約書に関する義務としては、

- 法定記載事項を漏れなく明示した契約書を書面で作成すること（ただし、契約書の内容を電子情報にして保存することも認められています。詳細は第3章で解説します。）
- 契約終了の日から5年間契約書を保存すること

の2点となります。この2点が委託契約書に関する要点となります。

委託契約書の法定記載事項

では、委託契約書に書かなければならない法定記載事項の詳細を見ていきます。

産業廃棄物処理委託契約には、収集運搬のみを委託する場合や、収集運搬と中間処理の両方を同じ処理業者に委託する場合など様々なケースがありますが、すべての委託契約書に共通して記載しなければならない事項は下記の7点です。

すべての委託契約書に共通する法定記載事項

1. 委託する産業廃棄物の種類と数量
2. 委託契約の有効期間
3. 委託者が受託者に支払う料金
4. 委託する廃棄物を適正に処理するために必要な情報
   - ① 産業廃棄物の性状及び荷姿
   - ② 通常の保管状況の下での腐敗、揮発等産業廃棄物の性状の変化に関する事項
   - ③ 他の廃棄物との混合等により生ずる支障に関する事項
   - ④ 委託物が下記の7種類の産業廃棄物に該当し、JIS規格C0950号に規定する「含有マーク」が付されたものである場合は、「含有マーク」の表示に関する事項
       (1) 廃パーソナルコンピュータ、(2) 廃ユニット形エアコンディショナー、(3) 廃テレビジョン受信機、(4) 廃電子レンジ、(5) 廃衣類乾燥機、(6) 廃電気冷蔵庫、(7) 廃電気洗濯機
   - ⑤ 委託する産業廃棄物に石綿含有産業廃棄物が含まれる場合は、その旨
   - ⑥ その他当該産業廃棄物を取り扱う際に注意すべき事項
5. 委託契約の有効期間中に、上記「4」の情報に変更があった場合に、その情報の伝達方法に関する事項
6. 受託業務終了時の受託者への報告に関する事項
7. 委託契約を解除した場合の処理されない産業廃棄物の取扱いに関する事項

1. 「委託する産業廃棄物の種類と数量」

「種類」は、委託する産業廃棄物の具体的な種類（30ページに記載）を明示します。

「数量」は委託する産業廃棄物の予定数量になります。数量の集計単位としては、1日あたりや1月あたり、あるいは1年単位と、当事者の任意で決めて構いません。

例：「種類 廃プラスチック類」「数量 月10t」

2. 「委託契約の有効期間」

契約期間を記載します。

例：「平成27年5月1日から平成28年4月30日までの1年間とする」

3. 「委託者が受託者に支払う料金」

委託料金は法定記載事項ですので、産業廃棄物処理委託契約書に必ず記載しなければなりません。

定期的に料金を変動させたい場合の記載方法は第4章で詳しく解説しています。

例：「1トンあたり1,000円」（料金が明確にわかる表現が必要）

4. 「委託する廃棄物を適正に処理するために必要な情報」

実務では、「4」は契約書上にすべてを記載するのではなく、WDS（廃棄物データシート）等の別紙の形式で整理をし、処理業者に提供するのが一般的です。契約書上にすべて情報を盛り込むことも合法ですが、そうすると伝えたい情報が他の契約書の条文に埋もれてしまうこととなり、情報提供の趣旨からすると本末転倒になってしまいますので、お奨めできません。

例：「揮発性の高い廃油であるため、保管場所の付近などで火気を使用しないこと」

5. 「委託契約の有効期間中に、上記「4」の情報に変更があった場合に、その情報の伝達方法に関する事項」

情報伝達は、書面で行うことが義務付けられているわけではないので、FAXやEメールによる情報提供でも構いませんが、その方法を契約書に明示する必要があります。

例：「廃棄物の性状等に変更が生じた場合は、委託者は受託者に対し、直ちに変更後

の情報に基づいたWDSを書面で提出する」

6.「受託業務終了時の受託者への報告に関する事項」
　通常は、処理終了年月日が記載されたマニフェストの返送をもって業務終了報告とする、という表現を使用しています。
例:「委託業務の終了報告は、マニフェストを委託者に返送することで、報告に変える」

7.「委託契約を解除した場合の処理されない産業廃棄物の取扱いに関する事項」
　廃棄物処理法では、契約解除後に残った産業廃棄物の処理を誰が行うべきかを定めていません。そのため、委託契約書において、事前に「契約解除後に残った廃棄物処理を誰の責任で行うか」を明示することが義務付けられています。委託者と受託者のどちらの責任で処理をするのかは、当事者間の話し合いで自由に決めてください。
例:「契約解除によって未処理の産業廃棄物が残った場合は、委託者の費用負担に基づいてその産業廃棄物の回収をし、委託者の責任において、改めて産業廃棄物処理を行う」

収集運搬の委託契約書

　収集運搬委託契約書に必ず記載しなければならない項目は、「運搬の最終目的地」です。
　また、収集運搬の過程で「積替え保管」を委託する場合は、
- 積替え保管場所の所在地
- 積替え保管場所で保管できる産業廃棄物の種類
- 積替え保管のための保管上限
- 安定型産業廃棄物を委託する場合は、他の廃棄物と混合することの許否

を委託契約書に明示しなければなりません。

　複数の収集運搬業者が運搬に関与する場合、たとえば
①排出事業者の事業場に、収集運搬業者A社が回収に行き、A社の車両で積替え保

管許可を持つB社の積替え保管場所まで産業廃棄物を運搬
② B社の積替え保管場所から、B社の車両で中間処理業者C社まで産業廃棄物を運搬

というケースの場合は、

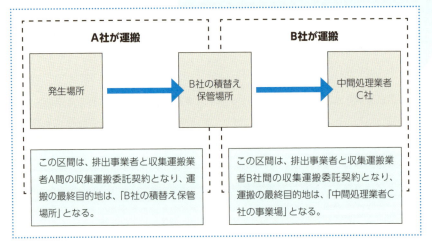

と、2つの区間に対応した、2つの収集運搬委託契約が必要となります。

中間処理の委託契約書

中間処理の委託契約書には、
- 中間処理場の所在地
- 中間処理の方法
- 中間処理施設の処理能力
- 中間処理残さを最終処分する場所の所在地
- 中間処理残さを最終処分する方法
- 中間処理残さの最終処分先の処理能力
- 委託する産業廃棄物が許可を受けて輸入された廃棄物である場合はその旨

を明示しなければなりません。

実務的に気を付けたいのは、「中間処理残さの最終処分先」です。ここは、排出事業者ではなく、「中間処理業者が契約をする最終処分先」となりますが、そもそもの排出事業者が発生させた産業廃棄物の最終処分可能な場所でなくてはなりません。

具体的には、次に示すような契約をしていると、「本来なら木くずの最終処分ができない安定型最終処分場での違法処理を委託者が認めていた」という形になり、排出事業者にとっては甚だ不利な証拠となってしまいます。

処分委託契約書の間違い例

> （委託する産業廃棄物の種類、数量及び単価）
> 甲が、乙に処分を委託する産業廃棄物の種類、数量及び処分単価は、次のとおりとする。
> 種類 ： 木くず
> 数量 ： 10㎥／月
> 単価 ： 4,000円／㎥
>
> （処分の場所、方法及び処理能力）
> 乙は、甲から委託された前項の産業廃棄物を次のとおり処分する。
> 事業場の名称 ： エコクリーン宝塚株式会社
> 所在地 ： 兵庫県宝塚市旭町○○
> 処分の方法 ： 破砕・圧縮
> 施設の処理能力 ： 20t／日
>
> （最終処分の場所、方法及び処理能力）
> 甲から、乙に委託された産業廃棄物の最終処分（予定）を次のとおりとする。
>
> | 事業場の名称 | 所在地 | 処分方法 | 施設の処理能力 |
> |---|---|---|---|
> | 有限会社○○ | 兵庫県神戸市○○ | 埋立（安定型） | 3万㎥ |

そのため、「中間処理残さの最終処分先」として書かれた内容については、中間処理業者からよくヒアリングをし、必要であれば、その最終処分先の許可証などを送ってもらい、自社の産業廃棄物の最終処分先として適切かどうかをよく確認しておきましょう。

廃棄物処理の一連の流れの中で、最終処分先として適切かどうかを確認することは、まさに「処理状況確認」ですが、法律では、委託者の契約相手ではない最終処分業者の「現地確認」まで行う義務は課されていないと考えられます（もちろん、後学のために、契約相手ではない最終処分場を訪問してみるのも良いと思います）。

最終処分の委託契約書

排出事業者が直接最終処分業者と契約をする場合は、最終処分委託契約書に、
- 最終処分場の所在地
- 最終処分の方法
- 最終処分施設の処理能力
- 委託する産業廃棄物が許可を受けて輸入された廃棄物である場合はその旨

を明示しなければなりません。

契約書の表現と、最終処分業者の許可証の内容に齟齬が生じていないかをよく確認しておきましょう。

WDS

66ページの「委託する廃棄物を適正に処理するために必要な情報」で解説したとおり、実務では、産業廃棄物の安全・適正な処理のために必要な情報を、契約書とは別の文書にまとめ、排出事業者から処理業者に情報提供しています。

そのための書式例として、環境省は「廃棄物情報の提供に関するガイドライン」を策定し、廃棄物データシート（WDS）を公開しています（http://www.env.go.jp/recycle/misc/wds/index.html）。

「廃棄物情報の提供に関するガイドライン」では、WDSを運用するべき産業廃棄物として、「外観から含有廃棄物や有害特性が判りにくい汚泥、廃油、廃酸、廃アルカリの4品目を主な適用対象と明記」しています。また、「廃棄物の性状が明確で、環境保全上の支障のおそれのない廃棄物に関しては、WDS以外の情報の提供でも可能」と説明されています。

その他、WDSを提供すべき時期として、「WDSは、基本的には契約時に提供し、契約書に添付するものである」と原則を示しています。また、初めて取引を行う処理業者に対しては、「新規の廃棄物処理に際して受入れの可否判断や処理に必要な費用の見積りのために排出事業者から処理業者へWDSを提供、あるいは処理業者と共同作成により情報を共有し、双方が確認、署名した上で契約書に添付することが望ましい」と説明されています。

WDSなどは書類としてはそれほど難解なものではありませんが、適切・安全な産業廃棄物処理のためには必要不可欠なものですので、処理業者と入念に打ち合わ

せをし、より良いコミュニケーションのためのツールとしてご活用ください。

保存が必要な契約書関連の書類

「委託契約書」は、契約終了日から5年間の保存が義務付けられています。委託契約書には、委託先処理業者の「許可証の写し」を添付しなければなりませんので、「委託契約書」と「許可証の写し」はセットで保存することになります。

実務では、自動更新を何度も繰り返していると、当初契約の際に添付した「許可証の写し」の有効期間が何年も前に満了してしまっていることがあります。「許可証の写し」を「委託契約書」に添付するのは、委託先処理業者が契約の時点において有効な許可を所持していることを証明するためですので、有効期限が満了した許可証の写しでは、その用をなしません。そのため、現在取引が継続している処理業者との契約書については、定期的に許可証の写しの有効期限が満了していないかどうかをチェックし、満了している場合は契約先の処理業者から新しい許可証の写しを送ってもらう必要があります。

その他、基本契約書とは別に、産業廃棄物処理委託に関することで覚書などを作成した場合は、基本契約書と覚書を一緒に保存しなければなりません。

保存しなければならない委託契約書関連書類

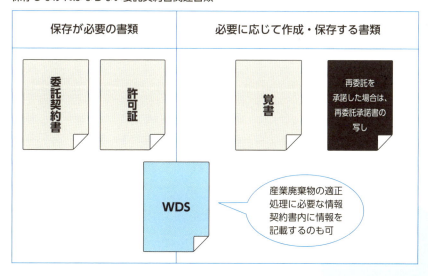

第2章 8 マニフェストの交付と保存

「マニフェストの交付」は、産業廃棄物を引渡す際に委託者が最後にやるべきこととなります。マニフェストの個々の記載事項には、それほど難しい内容のものはありませんが、重要な記載事項や交付方法を間違えないことが重要ですので、じっくりとお読みください。

マニフェストの交付

マニフェストの法的な名称は「産業廃棄物管理票」ですが、本書では一般的な呼び名の「マニフェスト」で統一します。

委託者には、産業廃棄物を処理業者に引渡す際にマニフェストを交付することが義務付けられています（廃棄物処理法第12条の3）。

> （産業廃棄物管理票）
> 廃棄物処理法第12条の3　その事業活動に伴い産業廃棄物を生ずる事業者（中間処理業者を含む。）は、その産業廃棄物（略）の運搬又は処分を他人に委託する場合（略）には、環境省令で定めるところにより、当該委託に係る産業廃棄物の引渡しと同時に当該産業廃棄物の運搬を受託した者（略）に対し、当該委託に係る産業廃棄物の種類及び数量、運搬又は処分を受託した者の氏名又は名称その他環境省令で定める事項を記載した産業廃棄物管理票を交付しなければならない。
> 2　前項の規定により管理票を交付した者は、当該管理票の写しを当該交付をした日から環境省令で定める期間保存しなければならない。

マニフェストの法定記載事項

廃棄物処理法第12条の及び同法施行規則第8条の21で、マニフェストに書くべき内容が定められています。

> 1. 委託に係る産業廃棄物の種類及び数量
> 2. 運搬又は処分を受託した者の氏名又は名称
> 3. マニフェストの交付年月日及び交付番号

4. 氏名又は名称及び住所
5. 産業廃棄物を排出した事業場の名称及び所在地
6. 管理票の交付を担当した者の氏名
7. 運搬又は処分を受託した者の住所
8. 運搬先の事業場の名称及び所在地並びに運搬を受託した者が産業廃棄物の積替え又は保管を行う場合には、当該積替え又は保管を行う場所の所在地
9. 産業廃棄物の荷姿
10. 石綿含有産業廃棄物が含まれる場合は、その数量
11. 最終処分を行う場所の所在地（中間処理までしか委託をしていない場合は、中間処理業者が最終処分場所を記載）
12. マニフェスト交付者の氏名又は名称及び管理票の交付番号（中間処理業者が記載する内容なので、委託者は記載しない）
13. 委託者が電子マニフェストを使用して処理委託をした場合は、委託者の氏名又は名称、電子マニフェストの登録番号（中間処理業者が記載する内容なので、委託者は記載しない）

　以上が、マニフェストの法定記載事項のすべてになります。
　「11」については、排出事業者と最終処分業者が直接契約をしていない限り、排出事業者が記載できない項目です。「12」と「13」については、中間処理業者が記載するべき項目となりますので、これらも排出事業者が記載できない項目となります。
　逆に言うと、「1」から「10」までは、委託者である排出事業者に記載する義務がある項目となります。
　多くの方が誤解している内容として、「1」の「産業廃棄物の種類及び数量」のうち、「数量は中間処理業者が記載するべきもの」というものがあります。たしかに、「産業廃棄物の重量」の場合は、排出事業者の大部分は検量設備を所持していませんので、中間処理業者が計測をしない限り正確な重量を記載できません。しかし、マニフェストの法定記載事項は、産業廃棄物の「数量」です。「数量」としては、「ドラム缶2本」、あるいは「8立方メートルコンテナ1台分」などと、委託する産業廃棄物のおおまかな量を特定できる「数」や「量」を記載することになります。
　その他の記載事項と、実際の記載例は次のページで解説します。

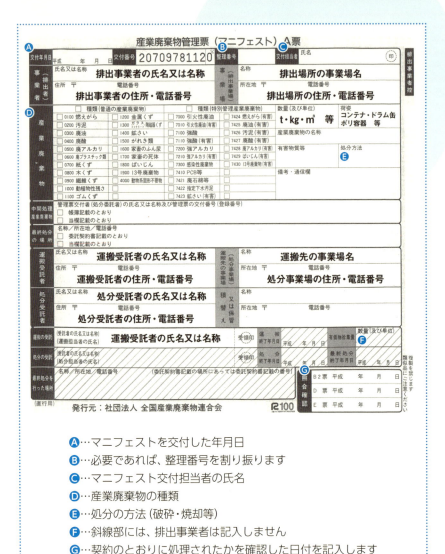

- Ⓐ…マニフェストを交付した年月日
- Ⓑ…必要であれば、整理番号を割り振ります
- Ⓒ…マニフェスト交付担当者の氏名
- Ⓓ…産業廃棄物の種類
- Ⓔ…処分の方法(破砕・焼却等)
- Ⓕ…斜線部には、排出事業者は記入しません
- Ⓖ…契約のとおりに処理されたかを確認した日付を記入します

①交付年月日	マニフェストを交付する実際の日付
②交付番号	市販のマニフェストの場合は、最初から印字されています
③整理番号	法定記載事項ではないが、必要であれば、任意の整理番号を記載しても良い
④交付担当者の氏名	マニフェストの交付をした排出事業者担当者の氏名
⑤事業者(排出者)	排出事業者の名称、住所、電話番号などを記載
⑥事業場(排出事業場)	実際に廃棄物が排出された場所の名称や所在地などを記載。事業者(排出者)欄の記載と同様である場合は、「同左」で可
⑦産業廃棄物	委託する産業廃棄物の具体的な種類にチェックを入れる
⑧数量	産業廃棄物の重量や体積、個数など、委託する産業廃棄物を特定するに足る単位を記載
⑨荷姿	「ドラム缶」や「フレキシブルコンテナ」等、産業廃棄物を引き渡す際の荷姿を記載
⑩産業廃棄物の名称	任意の記載事項ですが、「使用済みOA機器」などの産業廃棄物の状態を一言で表すキーワードを書いておきましょう
⑪有害物質等	産業廃棄物に有害物質が含まれている場合はその内容を、含まれていない場合は欄に斜線をひいておきましょう
⑫処分方法	中間処理(最終処分を委託する場合は最終処分)の具体的な方法を記載
⑬中間処理産業廃棄物	二次マニフェストを交付する際のみ記載
⑭最終処分の場所	最終処分した場所を中間処理業者が記載
⑮運搬受託者	収集運搬業者の名称や住所を記載
⑯運搬先の事業場(処分事業場)	運搬先の処理業者(通常は中間処理業者)の事業場の名称や所在地を記載
⑰処分受託者	処分業者の名称や所在地を記載
⑱積替え又は保管	積替え保管を委託する場合のみ記載

産業廃棄物引き渡し終了時点のマニフェストの状態

排出事業者	収集運搬業者	中間処理業者	最終処分業者
	E		
	D		
	C2		
	C1		
	B2		
	B1		
A			

中間処理業者への運搬終了時点のマニフェストの状態

排出事業者	収集運搬業者	中間処理業者	最終処分業者
		E	
		D	
		C2	
		C1	
	B2		
	B1		
A			

運搬終了報告

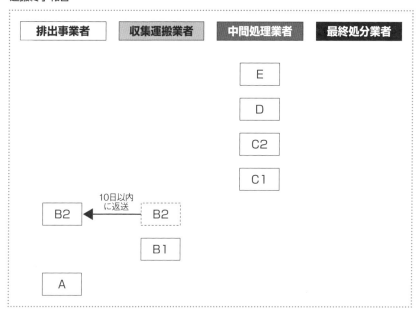

中間処理終了時点のマニフェストの状態

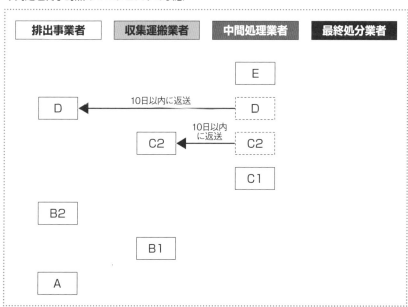

最終処分終了報告時のマニフェストの状態

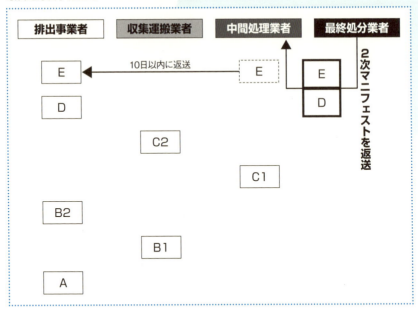

最終的なマニフェストの状態

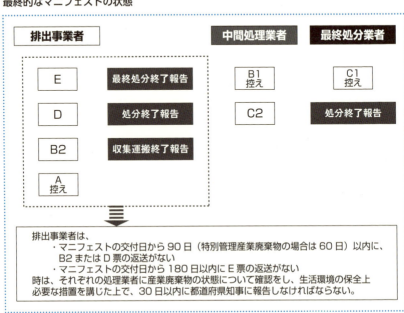

マニフェストの注意点

マニフェストの交付方法について、廃棄物処理法及び同法施行規則では、次のように詳細を規定しています。

> 廃棄物処理法施行規則第8条の20
> 　管理票の交付は、次により行うものとする。
> 　一　当該産業廃棄物の種類ごとに交付すること。
> 　二　引渡しに係る当該産業廃棄物の運搬先が二以上である場合にあつては、運搬先ごとに交付すること。
> 　三　当該産業廃棄物の種類（当該産業廃棄物に石綿含有産業廃棄物が含まれる場合は、その旨を含む。）、数量及び受託者の氏名又は名称が管理票に記載された事項と相違がないことを確認の上、交付すること。

まず、「産業廃棄物の種類ごとに交付」についてですが、これは、「廃プラスチック類」や「木くず」などの1種類の産業廃棄物ごとに、1通のマニフェストを交付しなければならない、という意味になります。産業廃棄物保管場所にある複数の産業廃棄物を一度に回収してもらう場合でも、それぞれの産業廃棄物の種類ごとにマニフェストを交付しないと違法になります。

ただし、複数の産業廃棄物の種類が分離困難な状態で混じり合っている物（混合物）の場合は、1つの混合物として1通のマニフェストのみで処理委託することが認められています。混合物の例としては、「廃プラスチック類」「金属くず」「ガラスくず」の3種類の産業廃棄物によって構成される「電子機器」などがあります。この場合は、マニフェストの「産業廃棄物の種類」には、「廃プラスチック類」「金属くず」「ガラスくず」の3つにチェックをし、「産業廃棄物の名称」に「使用済み電子機器」と記載します。

混合物のマニフェスト記載例

- 複写機などの使用済みOA機器の場合は、「廃プラスチック類」、「ガラスくず」、「金属くず」の3種類の産業廃棄物の混合物として、マニフェストを交付することになります。
  マニフェストに数量などを記載する際は、「複写機2台」などと記載しておきましょう。

	種類(普通の産業廃棄物)	種類(特別管理産業廃棄物)	数量(及び単位)	荷姿
産業廃棄物	☐ 0100 燃えがら ☑ 1200 金属くず ☐ 0200 汚泥 ☑ 1300 ガラス・陶磁器くず ☐ 0300 廃油 ☐ 1400 鉱さい ☐ 0400 廃酸 ☐ 1500 がれき類 ☐ 0500 廃アルカリ ☐ 1600 家畜のふん尿 ☑ 0600 廃プラスチック類 ☐ 1700 家畜の死体 ☐ 0700 紙くず ☐ 1800 ばいじん ☐ 0800 木くず ☐ 1900 13号廃棄物 ☐ 0900 繊維くず ☐ 4000 動物系固形不要物 ☐ 1000 動植物性残さ ☐ 1100 ゴムくず	☐ 7000 引火性廃油 ☐ 7424 燃えがら(有害) ☐ 7010 引火性廃油(有害) ☐ 7425 汚泥(有害) ☐ 7100 強酸 ☐ 7426 汚泥(有害) ☐ 7110 強酸(有害) ☐ 7427 廃酸(有害) ☐ 7200 強アルカリ ☐ 7428 廃アルカリ(有害) ☐ 7210 強アルカリ(有害) ☐ 7429 ばいじん(有害) ☐ 7300 感染性廃棄物 ☐ 7430 13号廃棄物(有害) ☐ 7410 PCB等 ☐ 7421 廃石綿等 ☐ 7422 指定下水汚泥 ☐ 7423 鉱さい(有害)	産業廃棄物の名称 有害物質等	処分方法 備考・通信欄

　やってはいけないのは、分離された状態の「廃プラスチック類」と「木くず」を同じ収集運搬業者に同時に回収してもらうからという理由で、マニフェスト1通だけを交付し、「廃プラスチック類」と「木くず」の2つにチェックを入れることです。

　次は「運搬先が二以上である場合は、運搬先ごとに交付」についてです。運搬先が2か所ある場合、マニフェストを2通交付しないといけないのは当たり前の話となります。では、運搬先は1か所だが、3台の車両で同時に運搬をする場合は、3通のマニフェストを交付する必要があるのでしょうか？

　もちろん、3通のマニフェストを交付しても違法ではありませんし、そうすることで産業廃棄物の処理記録としてより精緻なマニフェストの運用が期待できます。ただし、環境省は、過去の通知でこのように説明しています。

「平成13年3月23日付環廃産116号」通知より抜粋

『通常は、運搬受託者が複数の運搬車を用いて運搬する場合には、運搬車ごとに交付することが必要となるが、複数の運搬車に対して同時に引き渡され、かつ、運搬先が同一である場合には、これらを1回の引渡しとして管理票を交付して差し支えない』

　1台の車両に乗り切らない大量の産業廃棄物の処理を委託する場合で、別々のタイミングではなく、複数台の運搬車で一度に回収してもらうときは、運搬車両が何台あろうとも1通のマニフェストの交付のみで足りるということです。

　「産業廃棄物の種類（当該産業廃棄物に石綿含有産業廃棄物が含まれる場合は、その旨を含む。）、数量及び受託者の氏名又は名称が管理票に記載された事項と相違が

ないことを確認の上、交付」については、お読みいただいた内容のとおりですので、詳しい解説は省略します。

マニフェストの写しの返送期限

運搬や中間処理が終わるたびに、処理業者はその処理終了年月日をマニフェストに記載し、マニフェストの写しを委託者に返送しなければなりません。

返送期限としては、「運搬や中間処理などが終わった日から10日以内に送付しなければならない」と定められています（廃棄物処理法第12条の3第3項及び第4項）。そのため、「送付」が処理終了年月日から10日以内であれば良く、処理終了年月日から10日以内に委託者にマニフェストの写しが到達しないといけないわけではありません。

例えば、5月1日に運搬が完了した場合は、5月1日は期間の計算上算入しませんので、5月2日から10日間、つまり5月11日が終わるまでに、収集運搬業者はB2票を委託者に返送すれば良い、ということになります。

返送されたマニフェストの保存期間

返送されたマニフェストの写しの保存期間は下記のとおりとなります。

ちなみに、法的には、写しではない「マニフェスト（産業廃棄物管理票）」そのものとなるのは、産業廃棄物と一緒に動いている（収集運搬途上や中間処理を行うまでの保管など）間のマニフェストだけです。引渡しや処理終了の記録としてマニフェストから切り離された時点で、産業廃棄物と一緒に動かない「マニフェストの写し」となります。そのため、厳密には、保存義務があるのは「マニフェストの写し」となります（ただし、C1票は法的には「マニフェスト（産業廃棄物管理票）」となります）。

	保存義務者	保存期間
A票	委託者	マニフェストの交付日より5年間
B1票	法的な保存義務者はなし。ただし、運搬を完了させた証拠となるので、収集運搬業者が記録として保存しておくべきです。	
B2票	委託者	写しの送付を受けた日から5年間
C1票	処分業者	写しを送付した日から5年間
C2票	収集運搬業者	写しの送付を受けた日から5年間
D票	委託者	写しの送付を受けた日から5年間
E票	委託者	写しの送付を受けた日から5年間

第3章

記録と証拠の戦略的保存

1 産業廃棄物引渡し後の注意点
2 措置命令というリスク
3 措置命令の対象にならないためのポイント
4 証拠としての契約書の注意点
5 決定的な証拠となるマニフェスト
6 現地確認記録の保存

第3章 1 産業廃棄物引渡し後の注意点

　産業廃棄物を処理業者に引渡しただけで安心してしまうのは早計です。返送されてくるマニフェストの確認の他、後日措置命令の対象とされてしまわないように、適正処理の記録や証拠を平常時から意識的に保存しておくことが重要です。

産業廃棄物を渡して終わりではない

　委託先処理業者の許可内容をちゃんと確認し、委託料金や処理方法などの合意事項を委託契約書に明示をする。そして、法定記載事項をすべて記載したマニフェストを交付し、産業廃棄物と一緒にそれを引き渡す。これで目の前から産業廃棄物が消えてなくなり、処理業者が産業廃棄物処理を行っていくことになりますが、排出事業者としての処理責任はまだなくなりません。具体的には、産業廃棄物の最終処分が終わるまでの間は、排出事業者の産業廃棄物処理責任が消えてなくなることはありません。

最終処分が終了してもまだやるべきことが残っています

　処理委託していた産業廃棄物の最終処分が終了すると、排出事業者のもとにはマニフェストのE票が返送されてきます。これで法的には、産業廃棄物の処理責任をようやく果たせたことになります。

　しかし、排出事業者には、産業廃棄物処理責任の他にも留意が必要なリスクと若干の義務があります。

　留意が必要なリスクとしては、「委託基準違反に伴い措置命令の対象になること」です。

　産業廃棄物処理完了後に履行が必要な義務としては、「産業廃棄物管理票交付等状況報告書の提出」があります。

　次のページで、産業廃棄物引渡し後の留意点を、「委託契約書」「マニフェスト」「処理状況確認」といったそれぞれの実務ごとに流れの中でお示しします。

第3章 記録と証拠の戦略的保存

産業廃棄物引渡し後の留意点

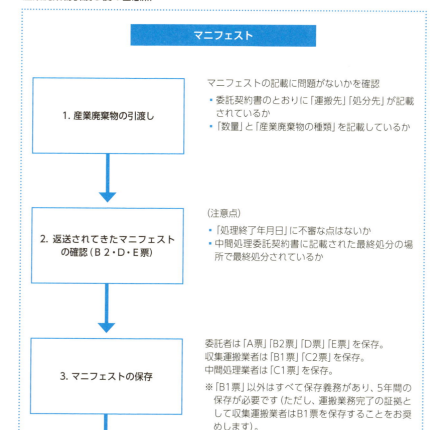

委託契約書

1. 委託先処理業者の選定
- 委託先処理業者の許可内容をよく確認
- 処理状況確認を実行

↓

2. 産業廃棄物処理委託契約の締結
- 事前にWDS等を元に情報共有をしておく
- 法定記載事項を記載した契約書を作成

↓

3. 取引開始
- 委託先処理業者の許可内容に変更が生じていないかを定期的に確認
- 許可の更新が行われている場合は、最新の許可証を入手して、契約内容に問題が生じていないかを確認

↓

4. 取引終了（契約終了または契約解除）

契約終了の日から5年間、委託契約書を保存し続けること

万が一、委託先処理業者の不適正処理に巻き込まれた場合に備えて
- 契約開始時には、法定記載事項に漏れがないかを入念にチェックする
- 万が一の場合に備え、契約終了後5年間を経過した契約書についても念のため保存しておく（電子データ形式でも可）

第3章 記録と証拠の戦略的保存

処理状況確認

1. 委託先処理業者の選定
- 委託先処理業者の許可内容をよく確認
- 処理状況確認を実行
- 「処理状況確認の結果」と「委託先として決定した理由」を記録化し、保存

↓

2. 産業廃棄物処理委託契約の締結
- 事前にWDS等を元に情報共有をしておく
- 法定記載事項を記載した契約書を作成

↓

3. 取引開始

取引開始後も、委託先処理業者の信頼性の高低に応じて定期的に現地確認を行い、経営状況等の変化を定点観測することが重要です

↓

4. 取引終了（契約終了または契約解除）

期間満了による「契約終了」ではなく、何らかの理由で「契約解除」に至った場合は、その経緯を記録化し、社内で共有しておくことをお奨めします

万が一、委託先処理業者の不適正処理に巻き込まれた場合に備えて
- 「現地確認」を含めた「処理状況確認」をしっかりと実施していた証拠として、確認結果を記録にすることが重要
- また、記録は社内で情報共有しておくことが不可欠

第3章 2 措置命令というリスク

「措置命令」は、命令の内容を履行するためのコストの高さもさることながら、「措置命令を発出された」事実を地方自治体に公表され、新聞やテレビで報道されるという企業にとって現実的なダメージに直結します。

措置命令

産業廃棄物管理の要諦は「措置命令の対象になることを避ける」という一事にあります。

廃棄物処理法に基づく措置命令とは、廃棄物処理基準に反する方法で廃棄物の処理が行われために、生活環境の保全上の支障を生じ、あるいはそれが生じる危険性がある場合に出される命令です。命令の内容としては、「生活環境保全上の支障の除去や支障の発生防止のために必要な措置を取ること」が命じられます。

実際の措置命令では、一定の期間を定めて具体的な措置を実行することが求められます。措置命令の内容を履行しなかった場合は、「5年以下の懲役もしくは1,000万円以下の罰金」という刑事罰の適用対象となります。

措置命令の対象になると

措置命令は刑罰ではありませんが、措置命令の対象となると、通常はその事実を地方自治体から公表されます。その事実は、報道機関の知るところとなるため、テレビや新聞で「〇〇社が廃棄物処理法違反で行政から措置命令を受けました」という甚だ不名誉な報道をされるケースもあります。

また、措置命令は「生活環境保全上の支障の除去」等のために発出されるものですので、命令対象者に求められる措置には比較的多額のコストが掛かるケースがほとんどです。

「企業倫理の徹底」が重視される現代社会においては、企業にとっても、そして産業廃棄物管理責任者という一個人の立場においても、措置命令の対象になることを避け続けねばなりません。

措置命令の対象となる法律違反

産業廃棄物に関する措置命令の根拠規定は、廃棄物処理法「第19条の5」と「第19条の6」の2つに置かれています。

産業廃棄物の措置命令に関する条文は、他の条文番号の引用が非常に多いため、そのまま読んでも意味が理解しにくい表現となっています。そのため、具体的な実務に置き換えた、措置命令の対象となる法律違反を掲載します。

第19条の5の措置命令の対象

① 産業廃棄物処理基準又は産業廃棄物保管基準に適合しない産業廃棄物の保管、収集、運搬又は処分が行なわれた場合
② 無許可業者へ委託をし、不適正処理が行われた場合
③ 委託基準違反の委託をし、不適正処理が行われた場合
④ 管理票を交付せず、又は法定記載事項を記載せず、若しくは虚偽の記載をして管理票を交付した場合
⑤ 管理票又はその写しを保存しなかった場合
⑥ 管理票が所定の期間に返送されず、または処理困難通知を受けた時に、速やかに委託した産業廃棄物の運搬又は処分の状況を把握するとともに、適切な措置を講じなかった場合
⑦ 電子マニフェストを使用する際に、虚偽の登録をした場合
⑧ 電子マニフェストの使用に関し、処理終了の未報告、あるいは虚偽の報告、または処理困難通知を受けた時に、速やかに委託した産業廃棄物の運搬又は処分の状況を把握するとともに、適切な措置を講じなかった場合
⑨ ①〜⑧に該当する者が建設工事の下請負人である場合で委託基準違反のあった元請業者
⑩

・不適正な保管、収集、運搬若しくは処分を行つた者 ・②〜⑨に該当する者	・不適正な保管、収集、運搬若しくは処分 ・マニフェストに関する違反行為をすること

に

を要求、依頼、若しくは唆し、又はこれらの者が不適正処理をすることを助けた場合

不法投棄等の産業廃棄物処理基準違反となる不適正処理が措置命令の対象になるのは当然ですが、実務的には、その他の命令対象を知る方が重要です。
　不適正処理以外の命令対象を大別すると、「委託基準違反」と「マニフェストの運用に関する違反」の2つに分類できます。措置命令リスクを回避するという視点からの、委託基準違反とマニフェストの運用ミスをしないための方法については、別のページで解説します。
　「不適正処理」、「委託基準違反」、「マニフェストの運用に関する違反」以外で措置命令の対象となる最後の違反「⑨」の「①～⑧に該当する者が建設工事の下請負人である場合で委託基準違反のあった元請業者」については、2010年改正で追加されたものです。
　2010年改正で「第21条の3」という条文が新設され、元請業者が負う排出事業者責任の詳細が明文化されました。「第21条の3」のポイントは、「建設工事の発注者から直接建設工事を請け負った建設業者（元請業者）を排出事業者とする。」という点にあり、それ以前は不明確だった「元請」と「下請」の責任区分を誰もがわかる形で明文化されました。
　そのため、元請業者が指示したわけではなく、建設現場の下請業者が勝手に不法投棄をした場合でも、元請業者が排出事業者責任を怠っていたとみなし、元々の排出事業者である元請業者に「不法投棄された廃棄物の撤去」等を命令できるように、措置命令の対象として「⑨」の要件が追加されました。
　ただし、他の要件と同様に、元請業者に委託基準違反が無かった場合には、措置命令を出すことができません。必要以上にリスクを恐れる必要はなく、委託基準を遵守し、排出事業者としてやるべきことをやっておけば、問題が生じることはありません。

第19条の6の措置命令の対象

19条の5に規定する場合において、
生活環境の保全上支障が生じ、又は生ずるおそれがあり、かつ、以下のすべての条件に該当すると認められるとき
1. 不適正処理の実行者等の資力その他の事情からみて、実行者のみによっては、支障の除去等の措置を講ずることが困難であり、又は講じても十分でないとき。
2. 排出事業者等が当該産業廃棄物の処理に関し適正な対価を負担していないとき、当該収集、運搬又は処分が行われることを知り、又は知ることができたとき
その他、現地確認義務を怠っていた等、排出事業者に支障の除去措置を採らせることが適当であるとき

廃棄物処理法「第19条の6」では、「不適正処理実行者の資力不足」や「排出事業者が適正な単価を負担していない場合」に、排出事業者に委託基準違反という過失がなくとも措置命令を発出できる、と規定されています。

一見すると、非常に強制力の強い条文のように見えますが、現在のところ、この条文に基づく措置命令が発出されたことは一度もありません。

その理由としては、「『適正な単価を負担していない』という事実を行政側が立証することが困難」という要因がありますが、もっとも大きな理由としては、「『19条の6』を持ち出さなくとも、『19条の5』の委託基準違反等でほとんどの不適正処理事案に対処できる」ためです。

措置命令の対象に関する説明は以上で終了し、次のページから、措置命令に対処するための具体的な方策を解説します。

第3章 措置命令の対象にならないためのポイント

　委託者に対し措置命令が発出される条件は、「不適正処理」と「委託基準違反」の両方が発生することです。委託基準違反は、委託者が完全にコントロールできるリスクですので、まずは委託者自身で法律違反を起こさないように注意することが重要です。

委託者に措置命令が発出される条件

　3-2「措置命令というリスク」では、廃棄物処理法第19条の5の措置命令の対象となる違法行為を列挙しました。ここでは、それをさらに簡略化し、措置命令が発出される条件を数式の形で表現します。

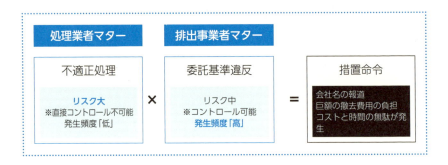

　まず、一つめの要素としては、生活環境保全上の支障となる「不適正処理」があることです。生活環境保全上の支障が生じていない、あるいは生じるおそれがない場合には、わざわざ命令を出す必要がありませんので、これは当然の前提条件と言えます。
　ただし、注意が必要なのは、この「委託先処理業者による不適正処理」というリスクは、委託者である排出事業者が直接コントロールできないことです。委託先処理業者に張り付き、産業廃棄物処理状況を24時間監視し続けることは不可能だからです。また、このリスクが発生する可能性は非常に低いものの、一度不法投棄などが行われ

てしまうと、そこから原状復帰するためには多額のコストが必要となります。

　そのため、「委託先処理業者による不適正処理」というリスクは、「起こることはまれだが、一度起こってしまうと損害が大きくなる可能性が高いリスク」と評価するのが妥当です。

　二つめの要素は、委託者側の「委託基準違反」です。先述したように、マニフェストを委託実務の一つとして委託基準に含めて考えると、89ページの「第19条の5の措置命令の対象」のほとんどすべてに、「委託基準違反」が含まれてきます。

　「委託基準違反」は、排出事業者が完全にコントロールできるものですが、契約書の法定記載事項を一つ書き忘れるだけでも成立しますので、発生頻度は高いと言わざるを得ません。

　左のページの図では、委託基準違反のリスクを「中程度」と評価していますが、直罰の対象でもあり、実際に産業廃棄物管理担当者が委託基準違反で書類送検された事例がいくつかあることから、不適正処理をされるリスクと同程度の「危険度　高」と考えていただいても差し支えありません。

　ここまでは、措置命令のきっかけとなる法律違反の要素を解説してきましたが、左のページの図は数式となっており、「不適正処理」×「委託基準違反」＝「措置命令」と表現しています。この数式は、足し算ではなく掛け算であることがポイントです。先ほど、「不適正処理が無ければ措置命令は発出されない」という趣旨の解説をしましたが、委託者側に委託基準違反が無い場合にも、委託者に措置命令を発出することはできないのです。「100＋0」は「100」ですが、「0」にどんな大きい数をかけても「0」にしかならないように。

　もっとも、この数式は廃棄物処理法「第19条の5」の措置命令の要件を数式化したものですので、91ページで解説した「第19条の6」の措置命令にはあてはまりません。しかしながら、委託基準違反を遵守し、処理状況確認を定期的に行う等、委託先処理業者とのコミュニケーションに努めている排出事業者が、「第19条の6」の措置命令の要件（の一つ）である「適正な処理単価を負担しない」という矛盾した行動に出ることはほとんどありません。そのため、実質的には、委託基準を遵守した上で、委託先処理業者と円滑なコミュニケーションを図っておけば、措置命令の対象になるような不祥事に巻き込まれることはほぼ無い、と考えていただいて大丈夫です。

措置命令の対象にならないためのポイント

措置命令を受けないようにするためのポイントは二つあります。

廃棄物処理法第19条の5の措置命令の要件は二つありますが、それぞれの要件のリスクを極力低減させることが主眼となります。

委託先処理業者の不適正処理対策

先述したとおり、このリスクを委託者が直接コントロールすることは不可能ですので、リスクの対処策としては、「信頼性の高い処理業者のみと取引をする」という一言に尽きます。

ただし、単に「優良業者とのみ取引をするのだ」と宣言をするだけでは不十分で、「委託基準の遵守」にも共通することですが、実際に行った「処理業者の信頼性の高さを調査する過程とその結果」を、記録として残すことが非常に重要です。

その具体的な方法は、106ページで詳しく解説しています。また、処理状況確認の進め方や着眼点については、第2章で解説していますので、必要に応じて第2章をご参照ください。

委託基準違反を起こさない方法

　委託基準の詳細については第2章で解説していますので、まずは第2章で委託基準の詳細を把握してください。措置命令の対象にならないようにするためには、委託基準を遵守しているという証拠を自ら残しておくことが必要です。特に、処理状況確認の記録については、廃棄物処理法で保存が義務付けられているわけではありませんが、委託者の責任を適切に果たした証拠になり得るものですので、組織内で情報共有をした上で保存をしておく必要があります。

　また、保存している委託契約書やマニフェストは、法定記載事項を完全に網羅したものでなくてはなりません。法定記載事項に記載漏れがある委託契約書を保存していた場合、行政・警察からの調査に対して、自社を守るどころか、逆に違法な委託をしていたという不利な証拠になってしまいますので、書類は作成の段階でしっかりと記載内容を確認しておかなければなりません。

　ただし、書類の保存が重要といっても、後でマニフェストの写しを紛失してしまったことに気づき、保存のためだけにマニフェストを再交付するといった、本末転倒な事後対策をやってはいけません。虚偽のマニフェストを交付すると刑事罰（6カ月以下の懲役、もしくは50万円以下の罰金）の適用対象になる可能性があります。問題が発覚してから対処するのではなく、書類の作成や交付の段階から間違いが生じないように、委託基準を正しく理解した上で、書類を運用することが不可欠です。そのための具体的な注意点については、96ページから105ページで詳しく解説しています。

第3章 4 証拠としての契約書の注意点

　法定記載事項を網羅した委託契約書を作成・保存することが、委託基準遵守の基本中の基本となりますが、書類の整合性を取ることのみに腐心するのではなく、排出事業者と処理業者の双方が定期的に情報交換を図ることが大切です。

証拠としての委託契約書の価値

　契約当事者間の紛争や、委託先処理業者の不適正処理に巻き込まれた場合に、委託者を守ってくれる証拠となるのは、「委託契約書」と「マニフェスト」の二つです。

　マニフェストは日々の産業廃棄物取引で流通する書類ですので、証拠となる数においては、委託契約書よりもかなり多くなります。また、一度間違った運用方法を正しいものと理解してしまうと、それ以降のマニフェストの運用がすべて間違ったものになる危険性があります。このように書くと、マニフェストが委託契約書よりも重要と思われたかもしれませんが、委託契約書も非常に重要な証拠であり、委託者の法的リスクに対する姿勢や知識が如実に表れる書類でもあります。

委託契約書が活躍、あるいは委託者にとどめを刺す場面

　委託契約書の存在をもっとも意識することになるのは、委託契約書作成のときではなく、「警察や行政から事情聴取を受けるとき」です。もちろん、産業廃棄物の不適正処理が起こらない限り、警察・行政から委託契約書の開示を求められることはほぼありませんが、規模の大小を問わず、委託先処理業者が不適正処理や事故を起こした場合は、排出事業者が委託基準を遵守していたかどうかが調べられることになります。

　その調査手順としては、
①委託契約書が作成・保存されているか
②委託する業務の内容が適切か、処理業者の許可内容を確認しているか
③法定記載事項に記載漏れがないか
という重要度の順で調べられることになります。

この調査の過程において、いずれの段階においても委託契約書に不備が無く、排出事業者として委託基準を遵守していたと判断されれば「御咎めなし」となりますが、逆に何らかの不備が見つかった場合は、委託基準違反として措置命令等の責任追及の材料となってしまいます。

　調査手順のうち、①と②で違反がすぐに発覚する場合は論外ですが、この本を手に取って読もうと思った方の大部分はクリアできていると思います。しかし、③の「法定記載事項を網羅できているか」という点については、調べれば一つか二つは記載漏れが見つかるだろうと思います。

抜けると危険な法定記載事項

　委託契約書の法定記載事項については、第2章の64ページから71ページで解説していますが、ここでは、その中でも委託基準違反の際に噴出しやすい項目に絞って再度危険性を解説します。

①委託料金

　もっとも抜けやすい、そしてもっとも抜けると危険な法定記載事項は、「委託料金」です。通常の取引基本契約書においては、契約料金を記載しないということは有り得ませんが、産業廃棄物処理委託の場面においては、「今まで請求額のトラブルが無かったので、今後も大丈夫だろう」とか「急に大量の産業廃棄物を回収してもらう場合があるかもしれない」という理由から、契約書に委託料金を記載していないケースが非常に多く見受けられます。

　不適正処理に巻き込まれた際の行政等からの調査で、契約書の委託料金欄が空欄であることが判明すると、委託者としては「長年の慣行で臨機応変に料金を変動させていた」という事情があったとしても、行政・警察からは「料金を決めなかったということは、不法投棄されても仕方がない安値で処理委託していた」とみなされることがあります。実際、不法投棄に伴い排出事業者に出された措置命令の大部分は、こうした委託基準違反に基づいて行われています。

　このように、契約書の「委託料金」が空欄のままでは非常に危険な証拠となります。定期的に委託料金を変動させたい場合等、取引基本契約書では委託料金を定めにくい場合については、第4章で安全な契約書の作成方法を解説していますので、そちらをご参照ください。

② 産業廃棄物の種類

　契約書で処理委託する産業廃棄物の種類を明示しないと、どんな産業廃棄物を処理委託しているのかがわかりません。そして、契約書上で何を処理委託しているかが明らかでないと、委託先処理業者の許可内容が適切かどうかもわかりません。「廃プラスチック類」等ごく簡単な表現であるにもかかわらず、「産業廃棄物の種類」も、委託基準遵守の成否を分ける極めて重要な法定記載事項です。

　産業廃棄物の種類の記載方法については第2章の66ページで解説していますので、「委託料金」と同様に、委託契約書に必ず記載するようにしてください。

▪ 混合物を委託する場合はどうなる？

　複数の産業廃棄物の種類が混合された混合物を処理委託する場合は、契約書の産業廃棄物の種類欄に、それぞれの産業廃棄物の種類を一つずつ明示します。

　例えば、プリンターを産業廃棄物として処理委託するような場合には、「廃プラスチック類」「金属くず」「ガラスくず（、コンクリートくず及び陶磁器くず）」の3種類の産業廃棄物を処理委託することを明記しなければなりません。個々の産業廃棄物の種類を明記した上で、「廃プラスチック類（プリンター）」などと具体的に委託する産業廃棄物の詳細を記載するのは問題ありません。

　また、この場合に、委託料金は、「廃プラスチック類は1tあたり●千円、金属くずは1tあたり○百円」と記載しても構いませんが、実際にはひと塊の混合物として運搬や中間処理を委託することになりますので、「（プリンターという混合物として）1台○千円」という記載でも問題ありません。

③ 中間処理残さの最終処分先

　第2章の68ページから69ページで詳しく解説したとおり、これは中間処理業者が提示する情報になりますが、委託者は、産業廃棄物の処理が完全に終了するのはどの場所なのかを知った上で、中間処理業者と契約をしなければなりません。

　中間処理業者によっては、実際は最終処分委託先が複数あるのに、排出事業者との中間処理委託契約書に最終処分先を一か所しか提示していないことがあります。マニフェストE票が返送されてきた時に、「中間処理委託契約書に書かれた場所と違う」ことに気がついた場合は、中間処理業者にその経緯を確認し、中間処理委託契約書の最終処分先に関する情報を修正・追加するように頼みましょう。「マニフェストE票が返ってくるまでの間は、どこで最終処分されるのかわからない」という状

態は大変危険と言わざるを得ません。

契約書以外で重要な添付書類

　法定記載事項を網羅した委託契約書を作成・保存するだけではまだ不十分です。委託契約書には、委託先処理業者の許可証の写しやWDS (廃棄物データシート) 等を添付しなければなりません。

① 許可証の写し

　第2章の71ページで解説したとおり、自動更新条項がある委託契約書の場合、当初契約の際に添付した処理業者の許可証の有効期間が満了してしまうことがあります。この場合、委託先処理業者の許可内容がその後に変化している可能性があるため要注意です。契約を解除、あるいは契約が終了した場合は、その処理業者とはもう取引をしていませんので、改めて最新の許可証の写しを取り寄せる必要はありませんが、自動更新の場合は、委託先処理業者の最新の許可証の写しを送ってもらう必要があります。

　委託先処理業者と定期的にコミュニケーションを取っていれば、許可の更新や許可内容の変更に関する情報が自然と入ってきますので、書類の取り寄せだけに終始するよりも、積極的にコミュニケーションを図る方がより重要と言えます。

② WDS

　許可証の写しとは逆に、WDSは委託者側が積極的に提供しなければいけない情報です。産業廃棄物の性状や含有物質に変化が無い限り、当初契約の際に添付したWDSを変更する機会はありませんが、情報に変化が生じた場合は、排出事業者から処理業者に対し適切に情報提供を行う必要があります。

　その理由としては、「情報提供が法律上の義務だから」ということ以上に、「安全な産業廃棄物処理のために必要不可欠な情報だから」という面を重視する必要があります。排出事業者が提供した情報内容が不十分だったために、処理業者の事業所で事故が発生した場合は、行政・警察から委託基準違反をしていなかったか調べられたり、処理業者から事故発生で受けた損害賠償請求をされるというリスクが発生します。

　排出事業者と処理業者の双方が積極的に情報交換を行うことで、お互いの法律上の義務の円滑な遵守にもつながります。

第3章 5 決定的な証拠となるマニフェスト

　マニフェストは日々扱う記録となりますので、一度間違った運用を正しいと思い込んでしまうと、法律違反の事実を増やし続けることになります。ここでは、その中でも特に間違えてはいけないポイントを解説していますので、毎日の業務の再確認にもご活用ください。

マニフェストの怖さ

　委託契約書とは異なり、マニフェストは日々の産業廃棄物取引においてその都度交付するものですので、月日の経過とともに保存するべきマニフェストの写しが増えていきます。そのため、最初に誤った運用方法を正しいものと思い込んでしまうと、法律違反の事実が毎日増え続けることになります。
　これが、マニフェストのもっとも怖い点となります。

マニフェストに関する違反が明るみになる場面

　委託契約と同様に、マニフェストに関する違反が発覚する機会の大部分は、「産業廃棄物の不適正処理に伴う事情聴取」です。その他、マニフェストは、産業廃棄物と一緒に流通していくものですので、ごくまれに、道路検問が行われ、そこで産業廃棄物運搬車両にマニフェストが携行されていないことが発覚することもあります。この場合、マニフェストを交付していなかった排出事業者が「マニフェストの不交付」で刑事罰の適用対象になりますし、マニフェストを持たずに産業廃棄物を運搬、あるいは処分をした産業廃棄物処理業者側の違反にもなります。
　このように、マニフェストの運用については、排出事業者と処理業者の双方が注意を払う必要がありますので、ここは読み飛ばさずにじっくりとお読みください。

リスクに発展しやすい運用ミス

①マニフェストの交付と記入を収集運搬業者に行わせている
　委託者と受託者の合意の下、受託者である収集運搬業者のドライバーに必要事項

を記入済みのマニフェストを持参してもらい、委託者はサインをするだけ、という運用自体は違法ではありませんが、マニフェストの交付責任が排出事業者にある以上、後日マニフェストに関するミスが発覚した際に、「収集運搬業者が間違って作成したものだから、排出事業者の責任ではない」という言い訳はできません。

処理業者にマニフェストの持参と必要事項を頼む場合でも、少なくとも、産業廃棄物引渡し時にマニフェストの内容を確認し、委託者の責任においてマニフェストを交付しなければなりません。

②「運搬受託者」や「処分受託者」が空欄

①のように、収集運搬業者にマニフェストの用意を頼んでいる場合によく見受けられる違反です。委託先の収集運搬業者や中間処理業者については、委託者の責任でマニフェストに記入をしなければなりません。

この部分の記入をしていないと、排出事業者が契約をしていない相手や、無許可業者のところに産業廃棄物が持ち込まれたとしても、排出事業者にはそれが一切わからないため、非常に危険な状態を招く結果となります。

③「産業廃棄物の種類」の記入無し

これも、委託者の責任において、委託する産業廃棄物の種類をマニフェストに明示しなければなりません。複数の産業廃棄物の種類が一体となった混合物の場合は、それに含まれるすべての産業廃棄物の種類を明示する必要があります。この場合、産業廃棄物の数量は、混合物全体としての数量（○台や○kg）で構いません。

④「交付年月日」の記入無し

これは、単なる記入漏れのこともありますが、マニフェストの作成を処理業者任せで、交付年月日が常に記入されていない場合は要注意です。もちろん、排出事業者自身が記載をしなければいけない項目ですし、簡単に記入できる内容なので、必ず産業廃棄物管理担当者自身で記入するようにしましょう。

⑤「産業廃棄物の数量」の記入無し

大規模不法投棄事件で措置命令の端緒となるのが、この「産業廃棄物の数量」の未記入です。大部分の排出事業者は、「重量を書くべき欄だ」という思い込みに基づき、空白のままマニフェストを交付しているものと思われます。しかし、そうしたリスクに対する無防備な姿勢が最悪の結果を招く可能性にも思いをはせ、第2章の73ページで解説したように、排出事業者自身で「数量」を記入するようにしてください。

重量の記録については、中間処理業者がD票と一緒に返送してくれる産業廃棄物の正確な検量結果を、A票の備考欄に転記する。またはA票に検量結果をホッチキス止めすると良いでしょう。

⑥**処分終了年月日**

　これは中間処理業者が記入する項目となりますが、複数の排出事業者の産業廃棄物処理を一括して行う都合上、個別の排出事業者の産業廃棄物を処理した正確な日付がわかりにくいという現実への対応策として、処分終了年月日に「産業廃棄物の受入れ日（受入れ日＋2日後の日付を記入と機械的な処理をしている例も多い）」を記載している事例が多々あります。

　本当に受入れ後に即日処理を徹底しているならば、虚偽記載にはなりませんが、受入れをした段階で、中間処理を行っていないにもかかわらず、処分終了年月日を記載している現場が多数あります。こうなると、「マニフェストの処理終了年月日の虚偽記載」に該当しますので、行政から「事業の全部停止処分1か月間」等の行政処分が下されるという事例が増えています。

　正確な処分終了年月日を把握するのは困難という事情があったとしても、中間処理をしていない段階で処分終了年月日を記入するのは虚偽記載に該当してしまいます。少なくとも、受入れをしただけの段階で機械的に処分終了年月日を記入する、という運用は改めましょう。

措置内容報告

　右のページに、第2章の78ページに掲載したマニフェストの最終的な保管状態を表す図を再掲します。

　「マニフェストの交付日から90日以内にB2票またはD票の返送がない」場合と、「マニフェストの交付日から180日以内にE票の返送がない」場合には、「生活環境の保全上必要な措置を講じた上で、30日以内に都道府県知事に報告が必要」となりますが、この報告文書を「措置内容等報告書」と呼びます。

　「措置」としては、「委託した廃棄物の処理状況を把握し、生活環境の保全上の支障の除去又は発生の防止」が必要と、環境省の通知文書で説明されています。そのため、具体的な行動としては、
①委託先処理業者に対し、委託した産業廃棄物の処理を終わったのかどうかを確認

②未処理の場合は、処理業者の事業場を至急訪問し、委託した産業廃棄物の保管状況が適切かどうかを確認
③未処理の産業廃棄物の保管方法が不適切な場合は、「その業者への改善要請」や「他の処理業者への委託のし直し」等が必要となります。

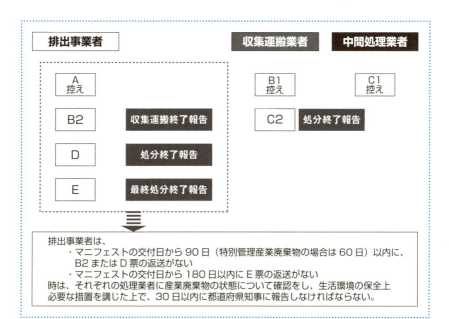

マニフェストが所定の期間内に返送されてこない場合だけではなく、マニフェストが返送されてきた場合でも、「『処理終了年月日』や『最終処分の場所』が記載されていない」、あるいは「虚偽の情報が記載されている」ときには、上記と同様の措置内容報告をしなければなりません。

近年、「マニフェストE票の最終処分の場所に、最終処分業の許可を持たない中間処理業者の事業場が記載されていたが、その記載に疑問を持たず、行政に措置内容報告をしなかった」という理由で、排出事業者に対して措置命令が発出された実例が出ました。

この事例では、E票を返送した中間処理業者が産業廃棄物を大量に保管し続けるという不適正処理を行っていたため、排出事業者の委託状況が調べられたという背

景があるものの、日常的に返送されてくるマニフェストを確認しさえすれば、「最終処分場の場所」のおかしな点に気付くことは十分可能ですので、平常時こそマニフェストのチェックを入念にしておくべきです。

マニフェストはいつまで保存するべきか

　第2章の81ページで、マニフェストの保存期間は5年間と説明しました。では、5年の保存期間が過ぎた後は、マニフェストは廃棄処分しても良いのでしょうか。廃棄物処理法に基づく義務としては、保存期間が過ぎたマニフェストを廃棄処分しても問題はありません。

　しかしながら、法的な保存義務はなくなるとしても、委託者としての責任を適切に果たした証拠をすべて破棄してしまうというのももったいない話です。

　マニフェストを廃棄すべきかどうかを考えるための材料として、措置命令のリスクを挙げておきます。実は、措置命令を行う場合には「時効」がありませんので、10年前の違法行為であっても、10年前の時点で違法であった場合は、10年後の現在において命令を発出することが可能なのです。そのため、10年前に委託した産業廃棄物が適切に処理された証拠として、マニフェストが有るのと無いのとでは、自社の潔白を立証する説得力が大きく変わります。もちろん、10年前に返ってきたマニフェストを保存していないこと自体は違法ではありませんので、そのことに対して行政処分を行う

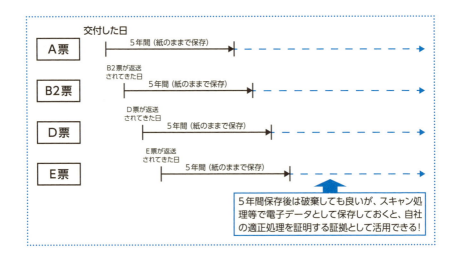

ことはできませんが、行政が10年以上前の委託内容について質問をしてくるときは、マニフェスト以外の（状況）証拠を握っているものと考えた方が良いかもしれません。

　将来の責任追及リスクを見越した上で、マニフェストを保存するならば、左のページのような方法があります。

　保存が義務付けられた5年間は紙マニフェストの状態で保存することが必要ですが、保存期間を過ぎたものから順にスキャナーで電子情報化し、電子情報として保存し続けるというものです。こうしておけば、余分な保存スペースも必要なく、「処理業者名」や「産業廃棄物の種類」ごとに分類しておけばすぐに検索ができますので、データとしてすぐに取り出せるようになります。万が一、行政から事情聴取を受ける機会が発生したときは、「適正な処理が終わった証拠としてのマニフェスト」を元に、自社の正当性を主張できます。こうした措置は廃棄物処理法で書かれた方法ではありませんが、「自社に有利な証拠を残す」という観点からは是非取り組んでいただきたいものです。

産業廃棄物管理票交付等状況報告書

　委託者には、前年度（前年の4月1日から当年の3月31日まで）に交付したマニフェストの枚数その他について、当年の6月30日までに行政に報告する義務があります。

　報告をする相手先としては、マニフェストを交付した事業所のある都道府県と政令市のすべてとなりますので、事業所や産業廃棄物の発生場所が多数ある企業の場合は、必然的に報告先の自治体が多くなります。

　報告内容としては、「産業廃棄物の種類」や「委託先処理業者の名称、許可番号」、「産業廃棄物の排出量」といった情報が中心ですので、それほど難しい内容ではありません。ただし、処理業者ごとに委託をした「産業廃棄物の排出量」を分けて集計する必要がありますので、マニフェストの交付件数が多い排出事業者の場合は、まとめてその集計をしようとすると少し大変です。日々の業務の中で、表計算ソフト等を用いて定期的に集計しておくのが良いでしょう。

　「産業廃棄物管理票交付等状況報告」は、紙マニフェストを交付した場合のみが対象となります。電子マニフェストを運用した分については、情報処理センターから自治体に直接報告が行われますので、排出事業者が自治体に報告する必要はありません。

第3章 6 現地確認記録の保存

「現地確認結果」は保存が義務付けられた書類ではありませんが、「排出事業者責任を果たした証拠」として、あるいは「委託先処理業者選定の背景がわかる記録」として、組織内で情報共有しておくことが大切です。

現地確認結果を記録として残す必要性

現地確認を含めた委託先処理業者の処理状況確認は、罰則なしの努力義務ですが、その処理業者が取引先として信頼できるかどうかを見極めるための「与信調査」として行うべき、と第2章で書きました。また、努力義務ではあるものの、委託基準の一環として処理状況確認が位置づけられている以上、委託契約書やマニフェストと同様に、委託者の責任をしっかり果たしている証拠として、現地確認結果を記録として保存しておいた方が良いのは言うまでもありません。

現地確認結果を保存する意義は他にもあります。それは、「後に産業廃棄物管理担当者となる人への重要な引き継ぎ資料になる」というものです。委託先処理業者の社風や経営状況などは、業者選定や契約を行った当事者には自明のことであったとしても、次にそれを引き継ぐ人にとっては、処理業者と契約をした背景や経営状況の改善の様子等の重要な情報が伝わっていないということが多々あります。それを避け、また特定の担当者だけではなく、組織全体の与信調査能力を引き上げるための先行事例としても、現地確認結果を組織内で誰もが参照できる記録として保存することが重要なのです。

現地確認結果に記録しておきたい内容

記録すべき内容は法律で決められているわけではありませんので、各自で自由に記録事項を決めていただいて問題ありませんが、後日、不適正処理に巻き込まれ、委託者としての責任を果たしていたかどうかを追及される場合を想定すると、最低でも以下のような事項は記録しておきたい内容です。

① **現地確認を行った日時**

日時は記録の基本中の基本事項ですが、次回に現地確認を行うときの基準（例：「5

年前に行ったきりなので、そろそろ再確認に行こう」) となりますので、必ず記録をするようにします。

② **写真や画像**

「百聞は一見にしかず」の言葉のとおりに、文章でクドクドと説明するよりも、写真を掲載すると、一枚の写真で伝えたいことをすべて伝えることができる場合が多々あります。

また、確認行動の信ぴょう性を担保させるためにも、現地確認結果には必要最小限の画像を添付するようにしましょう。添付する画像の対象としては、下記の情報があります。

- 産業廃棄物処理施設
- 産業廃棄物保管場所の様子
- 許可内容の掲示板
- 従業員教育記録のファイル (記録そのものではなく、ファイルの外観を撮影するだけで十分です。教育結果の記録を見せてもらえるようであれば、是非記録を見せてもらい、従業員教育のレベルや熱意を感じ取ってください。)

③ **産業廃棄物処理が適切に行われているか**

- 許可のない産業廃棄物の処分をしていないか
- 処理業者が示した処理フローのとおりに処理が行われているか
  中間処理残さを再生利用する場合は、残さの大きさや異物の混入具合が問題となるので、品質管理ができているかという視点が重要です
- 産業廃棄物が適切に保管されているか

④ **中間処理業者が最終処分先に対して行った「処理状況確認の結果」**

- 中間処理業者には最終処分先の処理状況確認を行う努力義務がありますので、それを行っておらず、かつ行う予定のない中間処理業者の場合は、信頼性が下がります。

⑤ **財務状況**

- 「損益計算書」や「貸借対照表」その他の財務諸表を開示してもらいましょう。優良認定業者の場合は、財務情報をインターネット上で公開しているため、それを自由に閲覧できます。監査ではないので、会計項目の詳細や内訳を細かく知る必要はありません。

産業廃棄物中間処理委託に伴う●●株式会社の現地確認結果

〇〇年〇月〇日
●●課　山田 太郎

1. 現地確認実施日時
   △年△月△日　14時~15時
2. 確認先
   ●●株式会社 (□□県□□市△町1-1)
3. 確認結果
   ①許可内容

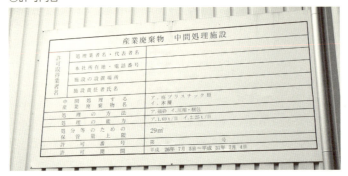

- 当社が依頼する「廃プラスチック類」と「木くず」の破砕許可あり
- 許可内容の詳細は添付した「許可証写し」のとおり

②処理施設の状況

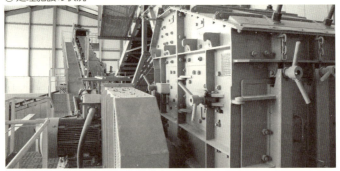

- 添付した「処理フロー」に書かれた再生先に納入可能な水準まで細かく破砕処理ができていることを確認
- 許可外の産業廃棄物はまったく混入されていなかった

③産業廃棄物保管場所の状況

- 保管基準に反しない状態で適切に保管されていた

④最終処分先に対する中間処理業者の現地確認の内容

　●●社が行った最終処分先への現地確認記録を閲覧。適切に確認が行われていた。

⑤従業員教育のレベル

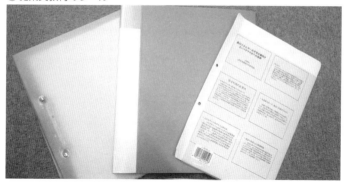

- 定期的に、全体及び階層・職種別に安全管理や事故時に備えた教育が行われていることを確認
- 現場にいた作業員が率先して挨拶をするなど、従業員の規範意識が非常に高かった

⑥財務状況

- 添付した財務諸表のとおり、財務面での信頼性も高いと評価できる。

4. 結論

　委託先処理業者として非常に信頼性が高いと考えられる。

第4章

こんな時にはどうする？

1 テナントビルにおける産業廃棄物の排出事業者は誰になるのか
2 委託料金を短期間で変動させたい
3 マニフェストを紛失してしまった
4 委託先処理業者から処理困難通知が届いたら
5 委託先処理業者の事業場で事故が発生した場合

第4章
1 テナントビルにおける産業廃棄物の排出事業者は誰になるのか

　複数の事業者が入居するテナントビルにおける、委託契約とマニフェストの運用に関する注意点を解説します。

法的な結論付けは簡単だが、現実は…

　これは、実務において繰り返し問題になるテーマです。個々のテナントが排出した産業廃棄物は、通常そのビルの特定の廃棄物保管場所に集められ、そこから定期的に産業廃棄物収集運搬業者が回収を行っています。

　個々のテナントが個別の産業廃棄物の排出事業者である点については衆目の一致するところですが、個々のテナントが個別に産業廃棄物処理業者の委託契約を締結するべきかどうかという問題になります。

　環境省は、行政刷新会議(平成24年12月に廃止)のグリーンイノベーションWGからの「ビル管理会社が各テナントの代表として委託契約を締結できるようにすべきだ」という問題提起に対し、次のように回答しています。

> - 契約締結に関し、委任状を交付し委任するのであれば、各テナント会社はその排出事業者責任までをも転嫁しうるものではないが、ビル維持管理会社等が一括して委託契約を締結することは可能である。
> - なお、廃棄物処理法上、産業廃棄物の処理を委託する場合には、当該産業廃棄物の処分の場所や、受託者の許可の範囲等を記載した委託契約書により行うことを義務付け、委託者である排出事業者に、受託者が適切に当該産業廃棄物の処理の事業を行えるかどうかを確認させ、排出事業者責任の徹底を図っているところであり、この趣旨からは、委託者である排出事業者が受託者と自ら直接契約を締結することが望ましい。

　環境省としては、個々のテナントと処理業者との直接契約が望ましいとしながらも、各テナントからビル管理会社に対し委任状を交付し、契約締結権限を委任するのであれば、ビル管理会社が一括して委託契約をすることが可能、というスタンスを取っています。

環境省のスタンスを端的に整理すると、下記のようになります。

> (原則) 各テナントと、処理業者間の直接契約
> ⇒テナントが100ある場合は、理論上、処理業者は100個の委託契約を締結すべきとなってしまう。
> (例外) 各テナントがビル管理会社に委任状を交付すれば、ビル管理会社が一括して産業廃棄物処理委託契約を締結できる

　ここで問題となるのが、「ビル管理会社が一括して」という表現の意味です。
　この一文だけでは、ビル管理会社が「各テナントを代表した排出事業者として契約を行う」のか、「契約事務を全テナントから受任し、契約事務の代行を単独で行う」のかがよくわかりません。

「一括」に対する行政のスタンス

　先述したように、「一括」の意味を幅広くとらえると、ビル管理会社が排出事業者として処理業者と契約を締結できるように見えます。しかし、行政刷新会議での環境省の回答には、「各テナント会社はその排出事業者責任までを転嫁しうるものではない」としていますので、環境省としては、「排出事業者は個別のテナントのみである」というスタンスは崩していません。
　そのため、行政における「一括」の意味としては、「契約締結事務を一括して受任」と考えた方が良さそうです。ビル管理会社は契約締結事務の委任を受けただけですので、個別のテナントが契約当事者という位置づけになります。
　古い通知になりますが、「契約事務の委任」の可否について、旧厚生省が以下のような公文書を発出しています。

> 平成6年2月17日付衛産20号
> 厚生省生活衛生局水道環境部産業廃棄物対策室長通知
>
> (事業者団体等への委託契約権限の委任)
> **問2** 排出事業者が直接処理業者と契約を締結せず、排出事業者団体等に契約締結権限を委任することにより、委任を受けた排出事業者団体と産業廃棄物処理業者が処理委託契約を締結する (ただし、契約の当事者は、排出事業者と産業廃棄物処理業者) ことは、委託基準に違反しないか。
> **答** 契約締結に関する権限のみを委任状を交付し委任するのであれば差し支えない。こ

の場合、当該排出事業者団体等は法第19条の4に規定する処分を委託したものに該当しないなど、排出事業者責任まで委任できるものではないことに留意すること。

（1つの契約書による複数の事業者との契約）
問3 排出事業者と処理業者が委託契約を締結するに当たり、複数の排出事業者名を列記、押印するとともに、各排出事業者ごとの委託量を記入する契約書でも、令第6条の2第2号（第6条の5第2号においてその例によることとされている場合を含む。）の契約書として差し支えないか。
答 お見込みのとおり。

この通知では、「委任」の意味が具体的に説明されていますので、契約事務の一括委任という行為がより具体的にイメージしやすくなったと思います。

テナントビルの場合はどのような契約形態が望ましいのか

「一括」が「契約締結事務の一括受任」の意味であることはわかりましたが、では実際の契約はどのように行えば良いのでしょうか。

環境省が言うように、個々のテナントと処理業者が直接契約を締結するのが理想なのかもしれませんが、それでは処理業者の事務負担が膨大になりますので、現実的には非常に困難です。

現実的な方法としては、
① テナントの賃借契約時に、産業廃棄物処理委託契約締結事務をビル管理会社等に委任する。
② ①のテナントからビル管理会社に交付した委任状を根拠とし、ビル管理会社は排出事業者としてではなく、各テナントの代理人として、処理業者と契約を締結する。
③ ②の契約の際には、委託契約書の排出事業者として、委任を受けた全テナントを列挙するか、テナントの一覧表を添付する。
④ ビル管理会社が「産業廃棄物処理委託契約書」と「各テナントからの委任状」を一緒に保存する
という方法を取ることができます。

なお、各テナントが特別管理産業廃棄物などを処理委託したい場合は、ビルの共同廃棄物置き場に特別管理産業廃棄物を放置するわけにはいきませんので、法の原

則どおり、テナントが処理業者と直接契約をし、マニフェストを交付する必要があります。

テナントビルでのマニフェストの運用はどうなる？

テナントビルの契約形態に混乱や誤解が生じたのは、「ビル管理会社がテナントの産業廃棄物の集荷場所を提供する場合、ビル管理会社が自らの名義においてマニフェストを交付して良い」という通知があるためです（平成23年3月17日付環廃産発第110317001号）。

上記の通知では、ビル管理会社の他に、「農業協同組合等が農業者の排出する廃プラスチック類の集荷場所を提供する場合」、「自動車のディーラーが顧客である事業者の排出する使用済自動車の集荷場所を提供する場合」、「事業者団体が構成員である事業者が排出する産業廃棄物の集荷場所を提供する場合」の合計4事例について、そもそもの排出事業者ではない者にマニフェストを自己の名義で交付することを認めています。

このような公式通知が存在するため、ビル管理会社は排出事業者でないにもかかわらず、マニフェストの交付者になることができるという、法律の規定を超えた運用がなされています。廃棄物処理法のどこを読んでも、このような例外規定は置かれていませんので、「単なる行政解釈に過ぎない」というのが真実です。

もちろん行政解釈に過ぎないとはいえ、多くの都道府県が上記の通知に従ってビル管理会社によるマニフェストの交付を合法と指導をしている以上、事業者としてはあえてそれに反論する必要はありません。現実的な解決策としてありがたく使わせていただきましょう。

第4章
2 委託料金を短期間で変動させたい

　「委託料金」などを定期的に変動させたい場合は、「基本契約書」と、定期的に合意した内容をまとめた「覚書」をセットで運用することをお奨めします。「基本契約書」と「覚書」は二つで一つのセットとして、運用・保存することが重要です。

委託料金が短期間で変動するから契約書を空欄のままにしておく!?
　第2章の66ページで解説したとおり、「委託者が受託者に支払う処理料金」は委託契約書の法定記載事項ですので、必ず記載しなければなりません。しかし、実際には、産業廃棄物処理委託契約書上で処理料金欄を空欄のままで作成・保存している企業が非常に多くあります。

　契約で合意する内容の中でもっとも重要な要素の中に入る委託料金を記載しない理由として、「毎月処理料金が変動するので、基本契約書に料金を明示すると、すぐに使えない契約書となってしまう。だから、委託料金を空欄のままで契約書を作成するのだ。」という言い訳がよく持ち出されます。しかし、先述したとおり、委託料金を契約書で明示することが法律上の義務である以上、そうした言い訳は一切通用しません。

　では、委託料金が変わるたびに、委託契約書を新たに作り直さなければならないのか？　もちろん、そうすることも可能ですが、ほとんどの企業においては、委託料金を変更するためだけに契約書を改めて再作成することは、煩雑で無駄な作業になります。そのため、こうしたケースでは、「基本契約書」と「覚書」をセットで運用することをお奨めします。

基本契約書と覚書をセットで運用する方法
　まず、法定記載事項の内、当初契約の際に定める内容のうち、頻繁に変更が生じない物については、「基本契約書」で明示します。
　そして、「委託料金」など、定期的に変動させたい内容に関しては、「基本契約書」の該当する部分に、「別途覚書によって決定」と記載します。

最後に、「基本契約書」で定めなかった項目に関して別途合意した内容を「覚書」に明示し、委託者と受託者の双方が合意した証拠とします。

最終的には、「基本契約書」と「(定期的に合意事項を見直した結果の) 覚書」の2種類が出来上がりますが、「覚書」は「基本契約書」の根拠なしには存在できず、また「基本契約書」は「覚書」の補完なしには委託基準違反の契約書となります。そのため、「基本契約書」と「覚書」は必ず二つで一つのセットとして運用しなければなりません。保存をする際には、「基本契約書」と「覚書」を同じファイル内で保存すると良いでしょう。

こうしておけば、定期的に契約内容に変更を加えつつ、委託基準違反とならない契約書の運用が可能となります。

基本契約書と覚書の記載例

基本契約書
第2条　委託者が、受託者に収集・運搬を委託する産業廃棄物の種類、数量及び収集・運搬単価は、次のとおりとする。
種類　「廃プラスチック類」
数量　「10t／月」
単価　「別途覚書によって決定する」

覚書
　委託者と受託者は、●年●月●日付で締結した産業廃棄物収集運搬委託契約書第2条の内容を、■年■月から■年△月までの間は下記のとおりと定めることに合意する。
記
- ■年■月から■年△月までの間の廃プラスチック類の収集・運搬単価
　1tあたり1万円

第4章 3 マニフェストを紛失してしまった

　マニフェストの写しを紛失した場合に、安易にマニフェストを再発行してしまうのは大変危険です。大事なことは、二度と紛失をしないことと、紛失したマニフェストの代わりとなる証拠を揃え、産業廃棄物の適正処理を確認することです。

マニフェストの再発行の危険性

　マニフェストは保存が義務付けられた書類ですが、それを紛失したときに、慌ててマニフェストを再発行してはいけません。

　マニフェストの再発行が危険な理由は二つあります。

　第一に、産業廃棄物の引渡しとは無関係にマニフェストを発行することは、マニフェストの虚偽交付となり、「6月以下の懲役または50円以下の罰金（廃棄物処理法第29条）」の適用対象となるからです。

　第二に、産業廃棄物が実際には動いていないのにマニフェストを発行すると、そのマニフェストが排出事業者以外の外部に流出した場合、不適正処理の偽装証拠として使用される恐れがあるからです。

マニフェスト紛失時の対応

① まずは、紛失しないことが大前提ですので、本当に紛失したのかどうか再度確認を行う。

② それでも見つからない場合は、紛失をしたマニフェストに関係する、委託した産業廃棄物の「種類」、「数量」、「委託先処理業者」、「交付年月日」を可能な限り特定する。

③ ②で特定した内容を元に「始末書」を作成し、二度と同じミスを起こさないように注意喚起を図ると共に、保管方法に問題があったのであれば改善を行う。

④ 委託先処理業者からB2票などが返送されてきたら、そのマニフェストの写しをコピーし、紛失したマニフェストの代わりとして「始末書」と一緒に保存する。

　このような流れで対応を行うことで、紛失の再発防止を図りながら、紛失したマ

ニフェストの代わりとなる証拠を保存することが可能となります。万が一、産業廃棄物の不適正処理に巻き込まれ、行政・警察から事情聴取を受ける場合、「マニフェストを紛失したから保存していません」と無責任に言うよりも、「過失でマニフェストを紛失したが、適正処理が終わったことを別途確認し、再発防止の注意喚起を行いました」と説明する方が、確実に心証は良くなります。

紛失したマニフェストごとの対応方法

紛失した マニフェスト	対処方法
(委託者) A票	(B2票が返送される前に気付いた場合) 収集運搬業者にB1票をコピーしてもらい、始末書と共にA票の代わりとして、後に返送されてくるマニフェストの写しとの照合確認用に保存 (B2票の返送後に気付いた場合) 返送されてきた写しをコピーし、始末書と共にA票の代わりとして保存
(収集運搬業者) B2票	(D票またはE票が返送される前に気付いた場合) 収集運搬業者が保存しているB1票をコピーしてもらい、始末書と共にB2票の代わりとして保存 (D票またはE票の返送後に気付いた場合) 返送されてきたD票、あるいはE票をコピーし、始末書と共にB2票の代わりとして保存
(委託者) D票	(下記のいずれか一つを選択して、D票の代わりとしての証拠を保存) ▪ 中間処理業者が保存しているC1票をコピーしてもらい、始末書と共にD票の代わりとして保存 ▪ 返送されてきたE票をコピーし、始末書と共にD票の代わりとして保存
(委託者) E票	中間処理業者が保存しているC1票をコピーしてもらい、始末書と共にE票の代わりとして保存

第4章
4 委託先処理業者から処理困難通知が届いたら

　委託先処理業者から「処理困難通知」を出されると、排出事業者は事後処理に大変大きな手間が必要となります。そのため、処理状況確認の際には、与信調査をしっかり行い、事故を起こさない、そして行政処分を受けることのない処理業者を見つける必要があります。

処理困難通知とは

　「処理困難通知」とは、2010年の廃棄物処理法改正で新設された手続きで、産業廃棄物処理業者が下記の事態に陥り、委託されていた産業廃棄物の処理ができなくなった際に、委託者に対し書面で「産業廃棄物の処理ができなくなりました」と通知することが義務付けられています。

処理困難通知の対象（廃棄物処理法施行規則第10条の6の2）

① 産業廃棄物処理施設で事故が発生し、未処理の産業廃棄物の保管数量が上限に達した
② 産業廃棄物処理事業の廃止
③ 産業廃棄物処理施設の休廃止
④ 埋立終了（最終処分場の場合のみ）
⑤ 欠格要件に該当
⑥ 事業の停止命令を受けた
⑦ 産業廃棄物処理施設の設置許可の取消しを受けた
⑧ 産業廃棄物処理施設に関して、施設の使用停止命令、改善命令、措置命令を受け、廃棄物処理ができなくなり、未処理の産業廃棄物の保管数量が上限に達した

　処理困難通知の対象は、「その時点で産業廃棄物処理を委託していた者のうち、まだ処理が完了していない産業廃棄物の排出事業者」となります。「契約はあるものの、その時点では処理委託をしていなかった排出事業者」や「契約期間満了に伴い契約関係が無くなった排出事業者」は、処理困難通知の対象になりません。
　処理困難通知を出す側の産業廃棄物処理業者は、この通知を怠ると刑事罰の対象

になりますが、通知を出した後は、その書面（電子情報でも可）を保存することだけが義務となります。逆に、通知を受けた排出事業者側は、受動的な立場でありながらも、短期間に行わねばならない手続きが急増してしまいます。

処理困難通知を受けた後に必要な対応

　中間処理業者から処理困難通知を受けた排出事業者で、マニフェストD票が返送されていない場合、

　まずは、「生活環境の保全上の支障の除去や被害発生の防止」に努めねばなりません。ここでいう「支障の除去や被害発生の防止」とは、具体的には、産業廃棄物処理業者のところに残った産業廃棄物を安全・確実に処分することを指します。そのため、処理困難通知を出した業者の事業所に置き続けられない産業廃棄物については、新たに別の業者と委託契約を締結し、別の業者に産業廃棄物を処理してもらうといった対応が必要になります。

　そして、処理困難通知を受けた日から30日以内に、上段で講じた措置内容に関する報告書を都道府県知事に提出しなければなりません。「措置を講じてから30日以内」ではなく、「処理困難通知を受けてから30日以内」に、支障の除去措置を講じ、行政に報告までしなければなりませんので、かなり忙しい状況となります。

処理困難通知の対象の補足

　左のページに掲載した、処理困難通知の対象の若干の補足をしておきます。

　処理業者が⑥の「事業の停止命令を受けた」というケースの場合は、その処理業者はすぐに委託者に対して処理困難通知を出さなければなりません。他に、②③④⑤⑦のケースの場合も同様に、処理業者は即刻処理困難通知を出さなければなりません。

　逆に、①の「施設の事故発生」と⑧「施設に対する行政処分」の場合は、「事故や施設に対する行政処分」という条件に加え、さらに「未処理の産業廃棄物の保管数量が上限に達した」という条件に該当しない限り、言い換えると、施設で事故が発生したが、未処理の産業廃棄物保管数量には問題が生じていないような場合は、処理業者は処理困難通知を出す法的な義務はありません。（法的な義務は無いとしても、自発的に「お知らせ」をした方が良いとは思いますが）

委託先処理業者の事業場で事故が発生した場合

　事故が発生すると、処理業者は事故で混乱した現場で復旧作業や行政への報告・相談をしなければならなくなり、排出事業者にも大きな迷惑をかけることになります。火災や労災事故が起こらないように、平常時から二重三重の対策を取っておきたいところです。

起こって欲しくはない事故について

　一口に事故と言っても、産業廃棄物処理企業の従業員が死傷する労災事故や、火災で事業所が焼失、あるいは事業所外に産業廃棄物が流出するといった様々な状況があります。処理業者の立場としてはどの事故も起こって欲しくないものですが、排出事業者の場合は、処理業者とは違う対応が必要になります。

労災事故

　労災事故の場合は、労災事故が発生した原因によって排出事業者の責任の度合いが違ってきます。

　処理業者の安全管理のみに不備があり、排出事業者と事故の発生には何の因果関係も無い場合は、排出事業者に過失は無いということになります。それぞれの事故ごとに態様が異なりますので、一概に使用者としての処理業者が悪いと決めつけることはできませんが、第2章に書いたとおり、排出事業者の立場としては処理状況確認の際に、処理業者の安全管理面の取組みをよく見ておく必要があります。

　また、排出事業者側の産業廃棄物に関する情報提供に不備があり、それが元で労働災害が発生したような場合は、委託基準違反に該当する可能性が出てきます。「情報不足で他人が死傷する可能性」を考え、処理業者と入念な打ち合わせを行いながら、WDS等には必要十分な情報を記載するようにしましょう。それが、産業廃棄物管理担当者自身を守る証拠にもなります。

火災や廃棄物流出事故の場合

　以下は、排出事業者の情報提供内容に不備が無かったという前提での説明になり

ます。

(処理業者側で必要な対応)

まず、「設置許可が必要な一般廃棄物処理施設または産業廃棄物処理施設」で、破損その他の事故が発生し、廃棄物や汚水、ガスが飛散流出した場合で、
① 生活環境の保全上の支障が生じた、あるいは支障が生じるおそれがあるときは
② 直ちにその支障の除去、または発生防止のための応急措置を講じ
③ 速やかにその事故の状況及び講じた措置の概要を都道府県知事に届け出なければなりません（廃棄物処理法第21条の2）。

設置許可が不要な小規模な処理設備の事故の場合は、行政へ事故後の措置内容を報告する義務はありませんが、後日の立入検査の際に「事故後に事業場の配置レイアウトが変わっている」と指摘される可能性がありますので、施設規模の大小にかかわらず、行政に報告・相談をしておいた方が無難です。

特に、火災により、マニフェストや帳簿が焼失してしまった場合は、保存が義務付けられた書類が無くなったことになりますので、施設の破損の有無にかかわらず、行政に報告・相談を行った方が良いでしょう。

また、処理施設の破損がひどく「廃棄物処理施設の休止届」を出さざるを得ない場合は、休止届を出した時点で、産業廃棄物処理を委託していた排出事業者に「処理困難通知」を出さなくてはいけません。

(排出事業者側で必要な対応)

処理業者の事故で排出事業者に対応が必要となるのは、火災で中間処理業者のところにあったマニフェストが焼失した場合です。

この場合には、マニフェストのD票、あるいはE票がいつまで経っても返送されないことになるため、第3章の102ページで解説した行政への「措置内容報告」が必要となります。

また、処理困難通知を出さねばならないほどの事故が起こり、産業廃棄物の保管量の上限を超えている場合も、上記の「措置内容報告」が必要となり、その前提として現場に残った産業廃棄物の片付け方についても処理業者と相談しなければなりません。

第5章

知っておきたい
通知や制度

1 規制改革通知
2 行政処分の指針
3 欠格要件

第5章

1 規制改革通知

「規制改革通知」は、判断基準があいまいであった廃棄物処理法上の疑義4つに対して示された、環境省の公式見解となります。また、通知文書だけではなく、Q&Aで色々な事例が示されていますので、行政当局との相談場面で応用がしやすい重要資料です。

規制改革通知とは

　規制改革通知とは、平成17（2005）年3月25日に環境省から発出された文書で、「規制改革・民間開放推進3か年計画」（平成16年3月19日閣議決定）」で解釈や取扱いの明確化を行うことと定められた、廃棄物処理法に関する4つの論点に対する環境省の考え方を示した文書です。

　この通知では、従来は若干不明確であった許可の要否や、廃棄物と有価物の分かれ目を具体的に解説されていますので、行政と協議をする事業者にとっては、使い勝手の良い公式文書となりました。発出されたのは10年以上前となりますが、この通知は汎用性が高く、いまでも使える内容がかなりあります。

　同通知は、平成25（2013）年3月29日付で若干の改定が行われました。その改定は、それまでの通知の解釈を一変させるというものではなく、表現の若干の変更という程度ですが、通知の内容を実務で使う場合には、変更された内容と変更されていない内容の両方を理解する必要がありますので、後で詳しく解説します。

　なお、平成18（2006）年3月31日付で、上記とは別の規制改革通知が発出されていますが、産業廃棄物処理業の許可申請書に関するものであるため、本書では取り上げておりません。そのため、本書で使う「規制改革通知」は、平成17年3月25日付の通知のみを指します。

　以下、まず規制改革通知を引用し、その下に解説を加えていきます。

　規制改革通知の全文はこちらに→http://www.env.go.jp/recycle/waste/reg_ref/

第5章 知っておきたい通知や制度

第1 貨物駅等における産業廃棄物の積替え・保管に係る解釈の明確化

1　産業廃棄物のコンテナ輸送の定義
産業廃棄物のコンテナ輸送とは、コンテナ（貨物の運送に使用される底部が方形の器具であって、反復使用に耐える構造及び強度を有し、かつ、機械荷役、積重ね又は固定の用に供する装具を有するもの）であって、日本工業規格Z1627その他関係規格等に定める構造・性能等に係る基準を満たしたものに産業廃棄物又は産業廃棄物が入った容器等を封入したまま開封することなく輸送することをいうこと。
2　産業廃棄物収集運搬業の許可の範囲について
産業廃棄物のコンテナ輸送を行う過程で、貨物駅又は港湾において輸送手段を変更する作業のうち、次の(1)及び(2)に掲げる要件のいずれも満たす作業については産業廃棄物のコンテナ輸送による運搬過程にあるととらえ、廃棄物の処理及び清掃に関する法律施行令（以下「令」という。）第6条第1項第1号ロ若しくは第6条の5第1項第1号ロに規定する積替え（以下単に「積替え」という。）又は令第6条第1項第1号ハ若しくは第6条の5第1項第1号ハに規定する保管（以下単に「保管」という。）に該当しないと解するものとすること。
(1)　封入する産業廃棄物の種類に応じて当該産業廃棄物が飛散若しくは流出するおそれのない水密性及び耐久性等を確保した密閉型のコンテナを用いた輸送において、又は産業廃棄物を当該産業廃棄物が飛散若しくは流出するおそれのない容器に密封し、当該容器をコンテナに封入したまま行う輸送において、輸送手段の変更を行うものであること。
(2)　当該作業の過程で、コンテナが滞留しないものであること。

※解説

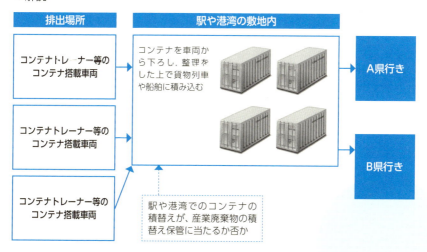

産業廃棄物を貨物列車や船舶で輸送する場合、専用のコンテナ内に廃棄物を入れ、コンテナごと列車や船舶で輸送することになります。コンテナ輸送の前提条件として、駅や港湾まで産業廃棄物入りのコンテナを車両で輸送しなければなりません。しかし、運搬車両から直接貨物列車や船舶にコンテナを積みこむのは困難ですので、一度コンテナを鉄道の駅や港湾の敷地で下ろし、行先ごとに、あるいは積み込みをしやすくするためにコンテナの整理をすることが必要となります。

　その「(コンテナを)下ろして、整理をする」ことが、産業廃棄物の積替え保管に該当するのかどうかが議論されてきましたが、上記の(1)(2)に当てはまる場合は、「積替え保管に該当しない」、すなわち「駅や港湾で積替え保管許可を取得する必要はない」という、環境省の見解が示されたことになります。

　規制改革通知のそれぞれの項目に関して環境省が作成したQ&Aがあり、「コンテナの滞留」に関し、具体例として下記の2つのQ&Aが掲載されていますので、ご参照ください。

Q1.　「コンテナが滞留しない」か否かに関して、例えば鉄道輸送の場合に、完全予約制により積載する列車・積載量等が予め決まっているコンテナを、積載する予定の列車が到着するホームに置いて、数時間後に到着する列車への積み込みを待っている状態は「滞留」にあたらないと　解してよいか。

A1.　貴見のとおり。

Q2.　船舶が着岸する直前に船舶に積み込む予定のコンテナを埠頭に置いておくことは、コンテナの滞留にあたるか。

A2.　コンテナの数が船舶に積み込める数を超えていなければ滞留にはあたらない。

第2 汚泥の脱水施設に関する廃棄物処理法上の取扱いの明確化

　令第7条に規定する産業廃棄物処理施設については、昭和46年10月25日付け環整第45号厚生省環境衛生局環境整備課長通知「廃棄物の処理及び清掃に関する法律の運用に伴う留意事項について」中第2の12において「いずれも独立した施設としてとらえ得るものであって、工場又は事業場内のプラント（一定の生産工程を形成する装置をいう。）の一部として組み込まれたものは含まない」としてきたところであるが、汚泥の脱水施設に関する法上の取扱いについて、その運用を以下のとおりとすること。

1　次の(1)から(3)に掲げる要件をすべて満たす汚泥の脱水施設は、独立した施設としてとらえ得るものとはみなされず、令第7条に規定する産業廃棄物処理施設に該当しないものとして取扱うこととすること。
(1) 当該脱水施設が、当該工場又は事業場内における生産工程本体から発生した汚水のみを処理するための水処理工程の一装置として組み込まれていること。
(2) 脱水後の脱離液が水処理施設に返送され脱水施設から直接放流されないこと、事故等により脱水施設から汚泥が流出した場合も水処理施設に返送され環境中に排出されないこと等により、当該脱水施設からの直接的な生活環境影響がほとんど想定されないこと。
(3) 当該脱水施設が水処理工程の一部として水処理施設と一体的に運転管理されていること。
2　上記1(1)から(3)に掲げる要件を満たす脱水施設における産業廃棄物たる汚泥の発生時点は、従前のとおり当該脱水施設で処理する前とすること。
3　廃油の油水分離施設、廃酸又は廃アルカリの中和施設等汚泥の脱水施設以外の処理施設についても、上記と同様の考え方により令7条に規定する産業廃棄物処理施設に該当するか否かを判断　するものとすること。
4　従来法第15条第1項の許可が必要な産業廃棄物処理施設として扱われてきた汚泥の脱水施設等について、上記1(1)から(3)に掲げる要件をすべて満たし、令第7条に規定する産業廃棄物処理施設に該当しないことが明らかとなった場合には、法第15条の2の5第3項において準用する第9条第3項に定める廃止届出の提出を求めるなどして法の適用関係を明らかにするよう取り扱われたいこと。

※解説

　昭和46年の廃棄物処理法施行以降、「（産業廃棄物処理施設とは）いずれも独立した施設としてとらえ得るものであって、工場又は事業場内のプラントの一部として組み込まれたものは、（産業廃棄物処理施設に）含まない」というのが、行政の一般解釈でしたが、自治体によっては、そのような施設を産業廃棄物処理施設となる「汚泥の脱水施設」とみなし、産業廃棄物処理施設の設置許可を指導していました。

しかし、この通知により、「施設の独立性」の定義が明らかとなりましたので、平成17年度に「汚泥の脱水施設」の廃止届が急増したのが記憶に新しいところです。

本通知の条件に該当する、本来なら汚泥の脱水処理施設とならないはずだった施設の廃止手続きについては、現在ではほぼ終息しているものと思われますが、本通知の内容は他のケースにおいても準用可能な部分があります。それを、環境省はQ&Aで具体的に示しています。

Q3. 工場又は事業場内に設置されているが生産工程とはパイプライン等で結合されていない脱水施設であっても、工場又は事業場内における生産工程から発生した汚水のみを処理する場合には本通知の対象となるものと解してよいか。

A3. 物理的に生産工程と結合されていない場合には、独立した施設としてとらえ得るものであるため、本通知の対象とはならない。

Q4. 泥水式シールド工事等の泥水循環工法において発生する泥水や、ダム工事の骨材製造工程において発生する濁水の処理施設の一装置として脱水施設が組み込まれている場合、これらを「一定の生産工程」としてとらえうると解してよいか。

A4. 「一定の生産工程」は、製品の製造工程に限定されるものではなく、建設工事の工程も該当しうる。すなわち、泥水式シールド工事等の泥水循環工法やダム工事の骨材製造工程における脱水施設も、これが当該建設工事の本体工程と一体不可分の工程を形成しており、かつ、1 (1) ～ (3) に掲げる要件を全て満たしているものについては、令第7条に規定する産業廃棄物処理施設に該当しないものとして取扱うこととする。

※解説

生産工程と物理的に直結した設備かどうかがポイントになります。生産工程と結合されていない施設の場合は、「独立した施設（＝産業廃棄物処理施設）」となります。

第5章 知っておきたい通知や制度

> **Q5.** 「当該工場又は事業場内における生産工程本体」であれば、別法人による生産工程本体から発生した汚水が混入しているケースも該当すると解してよいか。
>
> **A5.** 当該生産工程本体と水処理施設及びその一装置として組み込まれている脱水施設が全体として一体不可分の工程を形成している場合には、該当しうる。

※解説

本通知の条件に当てはまる生産工程と直結した脱水設備は、産業廃棄物処理施設に該当しませんので、他の法人の排水を処理する場合でも、産業廃棄物処理施設や産業廃棄物処理業の許可は不要です。

> **Q6.** 汚染土壌を浄化する事業や砂利を洗浄する事業の浄化・洗浄工程における汚泥の脱水施設も、本通知の対象となるものと解してよいか。
>
> **A6.** これらの事業の生産工程本体は廃棄物に該当しないものを浄化・洗浄するものであり、汚泥の脱水施設がこの本体工程と一体不可分の工程を形成している場合には、製造工程の一環となっている汚泥の脱水施設と同様に取り扱うことができることから、本通知の対象となる。

> **Q7.** 浄水場・下水処理場における水処理（沈殿池等）で発生する汚泥の脱水施設については、本通知の対象となるものと解してよいか。
>
> **A7.** 水処理工程そのものを生産工程とみなすことは適当でないため、本通知の対象とはならない。

※解説

上記の2つのQ&Aでは、生産（製造）工程の定義が説明されています。生産工程とは無関係な工程に組み込まれた施設に関しては、本通知の対象にならないことにご注意ください。

第3 企業の分社化等に伴う雇用関係の変化に対応した廃棄物処理法上の取扱いの見直し

1 事業者が自らその産業廃棄物の処理を行うに当たって、その業務に直接従事する者（以下「業務従事者」という。）については、次の(1)から(5)に掲げる要件をすべて満たす場合には、当該事業者との間に直接の雇用関係にある必要はないこと。

(1) 当該事業者がその産業廃棄物の処理について自ら総合的に企画、調整及び指導を行っていること。
(2) 処理の用に供する処理施設の使用権限及び維持管理の責任が、当該事業者にあること（令第7条に掲げる産業廃棄物処理施設については当該事業者が法第15条第1項の許可を取得していること。）。
(3) 当該事業者が業務従事者に対し個別の指揮監督権を有し、業務従事者を雇用する者との間で業務従事者が従事する業務の内容を明確かつ詳細に取り決めること。またこれにより、当該事業者が適正な廃棄物処理に支障を来すと認める場合には業務従事者の変更を行うことができること。
(4) 当該事業者と業務従事者を雇用する者との間で、法に定める排出事業者に係る責任が当該事業者に帰することが明確にされていること。
(5) (3)及び(4)についての事項が、当該事業者と業務従事者を雇用する者との間で労働者派遣契約等の契約を書面にて締結することにより明確にされていること。
2 なお、事業の範囲としては、上記(3)に掲げる当該事業者による「個別の指揮監督権」が確実に及ぶ範囲で行われる必要があり、例えば当該事業者の構内又は建物内で行われる場合はこれに該当するものと解して差し支えないこと。

※解説

　企業活動の生産性を高めるために、事業部門と管理部門を別々の会社に分社するという手法があります。分社により、製造部門の法人と、そこから発生する産業廃棄物を管理する部門の法人が別々になる場合を例とすると、分社前は同一法人でしたので、産業廃棄物を自ら処理することに業許可の問題は起こりませんでしたが、分社後の管理部門の法人の従業員が、製造部門の別法人という他者が発生させた産業廃棄物の処理業務を行えるかどうかという問題が発生しました。

　本通知により、産業廃棄物の排出事業者となる法人が、(1)から(5)までの条件を満たしている場合には、排出事業者の敷地内で、他社が雇用した従業員に排出事業者の産業廃棄物処理を行わせることが可能と示されました。

左記の (1) から (5) の条件を簡潔にまとめると

> (1) 排出事業者が産業廃棄物の処理について総合的に企画、調整及び指導を行っていること。
> (2) 産業廃棄物処理に使う施設の使用権限及び維持管理の責任が、排出事業者にあること (設置許可が必要な産業廃棄物処理施設については、排出事業者が設置許可を取得すること)。
> (3) 排出事業者が業務従事者に対し個別の指揮監督権を有し、業務従事者の雇用主との間で業務従事者が従事する業務の内容を取り決めること。また、排出事業者が必要と認める場合には業務従事者の変更を行うことができること。
> (4) 排出事業者と業務従事者の雇用主との間で、排出事業者責任が排出事業者にあることが明確にされていること。
> (5) 排出事業者と業務従事者の雇用主との間で労働者派遣契約などを締結し、(3) 及び (4) についての事項が、契約書上に明記されていること。

となります。

また、「事業の範囲」、すなわち「産業廃棄物処理を行わせる場所の範囲」については、環境省は「排出事業者の構内、あるいは建物内」が望ましいと考えているようですが、以下のQ&Aを読むと、「構内や建物内限定」と厳格に考えているわけでもなさそうです。

> **Q8.** 事業の範囲として構外又は建物外で行われる場合で「個別の指揮監督権」が確実に及ぶことはありうるのか。
>
> **A8.** 構外又は建物外で行われる場合には、一般的には個別の指揮監督権が及ぶと認めることは難しいと考えるが、実質的に構内又は建物内と同等の指揮監督権が及ぶと認められる客観的要素があれば、本通知が適用可能である。御質問のケースについては、本通知の趣旨を踏まえ、都道府県等により個別具体的に判断されることとなる。

第4 「廃棄物」か否か判断する際の輸送費の取扱い等の明確化

　規制改革通知の中でもっとも重要な、廃棄物だったものを有価物として運搬する際の輸送費の考え方を示すものです。

　産業廃棄物を再生利用、またはエネルギー源として売却するが、売却先に運ぶまでの間の輸送費を排出事業者が負担し、輸送費の方が売却代金よりも高くなる場合、その産業廃棄物を買い取る事業者には産業廃棄物処理業の許可が必要なのかどうか、という疑問への答え（を考えるための材料）を示しています。

　本通知中この「第4」に関する部分のみ、平成25年3月29日付で若干の改定がありました。第4の詳細を解説する前に、当初の平成17年通知の内容と、平成25年通知の内容とを見比べた方が、より現状の平成25年通知の内容の理解が深まると思いますので、両年度を対比させて表示します。

　表の左側が平成17年通知、右側が平成25年通知の内容となっており、表現の変更があった部分に下線を引いています。

平成17年通知	平成25年通知
産業廃棄物の占有者（排出事業者等）がその産業廃棄物を、再生利用するために有償で譲り受ける者へ引渡す場合の収集運搬においては、	１　産業廃棄物の占有者（排出事業者等）がその産業廃棄物を、再生利用又は電気、熱若しくはガスのエネルギー源として利用するために有償で譲り受ける者へ引渡す場合においては、
引渡し側が輸送費を負担し、当該輸送費が売却代金を上回る場合等当該産業廃棄物の引渡しに係る事業全体において引渡し側に経済的損失が生じている場合には、産業廃棄物の収集運搬に当たり、法が適用されること。一方、再生利用するために有償で譲り受ける者が占有者となった時点以降については、廃棄物に該当しないこと。	引渡し側が輸送費を負担し、当該輸送費が売却代金を上回る場合等当該産業廃棄物の引渡しに係る事業全体において引渡し側に経済的損失が生じている場合であっても、少なくとも、再生利用又はエネルギー源として利用するために有償で譲り受ける者が占有者となった時点以降については、廃棄物に該当しない　と判断しても差し支えないこと。

なお、有償譲渡を偽装した脱法的な行為を防止するため、この場合の廃棄物に該当するか否かの判断に当たっては特に次の点に留意し、その物の性状、排出の状況、通常の取扱い形態、取引価値の有無及び占有者の意思等を総合的に勘案して判断する必要があること。	上記1の場合において廃棄物に該当しないと判断するに当たっては、有償譲渡を偽装した脱法的な行為を防止するため、「行政処分の指針」第一の4の(2)において示した各種判断要素を総合的に勘案する必要があるが、その際には、次の点にも留意する必要があること。
(1) その物の性状が、再生利用に適さない有害性を呈しているもの又は汚物に当たらないものであること。なお、貴金属を含む汚泥等であって取引価値を有することが明らかであるものは、これらに当たらないと解すること。	規制改革通知上からは削除 ※「行政処分の指針」第一の4の(2)①アにほぼ同様の規定がある。
(2) 再生利用をするために有償で譲り受ける者による当該再生利用が製造事業として確立・継続しており、売却実績がある製品の原材料の一部として利用するものであること。	(1) 再生利用にあっては、再生利用をするために有償で譲り受ける者による当該再生利用が製造事業として確立・継続しており、売却実績がある製品の原材料の一部として利用するものであること。 (2) エネルギー源としての利用にあっては、エネルギー源として利用するために有償で譲り受ける者による当該利用が、発電事業、熱供給事業又はガス供給事業として確立・継続しており、売却実績がある電気、熱又はガスのエネルギー源の一部として利用するものであること。
(3) 再生利用するために有償で譲り受ける者において、名目の如何に関わらず処理料金に相当する金品を受領していないこと。	規制改革通知上からは削除 ※「行政処分の指針」第一の4の(2)①エにほぼ同様の規定がある。
(4) 再生利用のための技術を有する者が限られている、又は事業活動全体としては系列会社との取引を行うことが利益となる等の理由により遠隔地に輸送する等、譲渡先の選定に合理的な理由が認められること。	(3) 再生利用又はエネルギー源として利用するための技術を有する者が限られている、又は事業活動全体としては系列会社との取引を行うことが利益となる等の理由により遠隔地に輸送する等、譲渡先の選定に合理的な理由が認められること。

134ページから135ページで対比させた表を見ると、平成25年通知で繰り返し出てくる用語が見つかります。それは「電気、熱若しくはガスのエネルギー源として利用」というフレーズです。

　これは、平成24年4月3日付で閣議決定された「エネルギー分野における規制・制度改革に係る方針」で、「バイオマス発電燃料に関して廃棄物か否か判断する際の輸送費の取扱い等を明確化する」と決められたために、平成17年通知の内容を、バイオマス発電燃料の売買等にもあてはめる必要性が生じたためです。

　では、なぜ平成17年通知のままではダメだったのかについてですが、平成17年通知ではQ&Aにおいて、「再生利用に、建設工事における埋立材としての利用や熱回収（サーマルリサイクル）はあたらないのか？」という問いに対し、「本通知の対象となる再生利用として考えにくい」と明確に答えていたためです。バイオマス発電は、間伐材等を燃料として使い発電を行いますので、平成17年通知の表現が、国の政策推進の阻害要因になってしまいました。そこで、「電気、熱若しくはガスのエネルギー源として利用」する場合にも、本通知の適用を認められるように、適用対象を若干拡大したということになります。

　さて、もう一度134ページから135ページの対比表の左の部分、平成17年通知に関して下線を引いた箇所に注目していただくと、平成17年通知では、本通知を適用する範囲として、「産業廃棄物の占有者（排出事業者等）がその産業廃棄物を、再生利用するために有償で譲り受ける者へ引渡す場合の『収集運搬においては』引渡し側が輸送費を負担し、当該輸送費が売却代金を上回る場合等当該産業廃棄物の引渡しに係る事業全体において引渡し側に経済的損失が生じている場合には、『産業廃棄物の収集運搬に当たり、法が適用される』」という表現がなされていることがわかります。しかし、平成25年通知においては、「収集運搬」という単語が書かれていません。平成17年通知では、収集運搬の過程について言及をしていたのですが、平成25年通知では、その言及が無くなってしまったということになります。

　上述した内容を前提知識としながら、平成25年通知の詳細を読むと、現在の環境省が意図するところがより鮮明になります。それでは、次のページに、「第4『廃棄物』か否か判断する際の輸送費の取扱い等の明確化」の全文を掲載します。

1 産業廃棄物の占有者（排出事業者等）がその産業廃棄物を、再生利用又は電気、熱若しくはガスのエネルギー源として利用するために有償で譲り受ける者へ引渡す場合においては、引渡し側が輸送費を負担し、当該輸送費が売却代金を上回る場合等当該産業廃棄物の引渡しに係る事業全体において引渡し側に経済的損失が生じている場合であっても、少なくとも、再生利用又はエネルギー源として利用するために有償で譲り受ける者が占有者となった時点以降については、廃棄物に該当しないと判断しても差し支えないこと。

2 上記1の場合において廃棄物に該当しないと判断するに当たっては、有償譲渡を偽装した脱法的な行為を防止するため、「行政処分の指針」（平成25年3月29日付け環廃産発第1303299号本職通知）第一の4の（2）において示した各種判断要素を総合的に勘案する必要があるが、その際には、次の点にも留意する必要があること。

(1) 再生利用にあっては、再生利用をするために有償で譲り受ける者による当該再生利用が製造事業として確立・継続しており、売却実績がある製品の原材料の一部として利用するものであること。

(2) エネルギー源としての利用にあっては、エネルギー源として利用するために有償で譲り受ける者による当該利用が、発電事業、熱供給事業又はガス供給事業として確立・継続しており、売却実績がある電気、熱又はガスのエネルギー源の一部として利用するものであること。

(3) 再生利用又はエネルギー源として利用するための技術を有する者が限られている、又は事業活動全体としては系列会社との取引を行うことが利益となる等の理由により遠隔地に輸送する等、譲渡先の選定に合理的な理由が認められること。

3 なお、廃棄物該当性の判断については、上述の「行政処分の指針」第一の4の（2）の②において示したとおり、法の規制の対象となる行為ごとにその着手時点における客観的状況から判断されたいこと。

※解説

次のページで、木材の製材工場から発生した木くずチップを製紙会社に製紙原料として売却するケースを例とし、規制改革通知が説く趣旨を具体的に見ていきます。

（前提条件）

　木くずチップをCの製紙会社まで持っていくと、1tあたり100円で買い取ってくれますが、Cの製紙会社はAの製材工場からかなり遠く離れた場所にあるために、運送費が1tあたり2,500円も掛かってしまいます。しかし、Aの製材工場にとっては、近隣の管理型最終処分場に最終処分委託をすると1tあたり7,000円が必要になるため、1tあたり2,500円の出費で済むのであれば、遠方のC製紙会社に売却をした方が経済合理的となります。

（規制改革通知の説明）

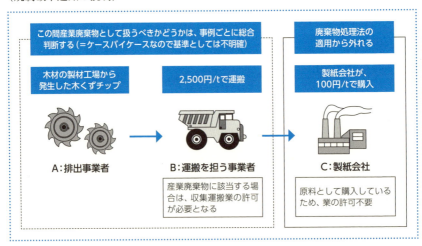

ここで規制改革通知の出番となりますが、同通知には「少なくとも、再生利用又はエネルギー源として利用するために有償で譲り受ける者が占有者となった時点以降については、廃棄物に該当しないと判断しても差し支えない」と書かれていますので、木くずチップは、それを原料として買い取る「C製紙会社のところに入った時点」から廃棄物として扱う必要がなくなることになります。別の言い方をすると、C製紙会社は木くずチップを産業廃棄物として引き受けるわけではなく、原料として購入することになりますので、産業廃棄物処理業の許可や産業廃棄物処理施設の設置許可が不要となります。この部分は、平成17年通知と平成25年通知の双方で同じ内容となっています。

　では、C製紙会社に搬入されるまでの間、木くずチップは産業廃棄物として扱うべきなのでしょうか？　それとも、有価物として扱えるのでしょうか？

　先述したとおり、平成17年通知では、「産業廃棄物の収集運搬に当たり、法が適用される」と明確に説明がされていましたが、平成25年通知では、法が適用されるかどうかの言及がなくなりました。

　「産業廃棄物になる」とも「産業廃棄物にならない」とも書かれていないため、自発的に産業廃棄物として、委託基準に則った運用をする場合は問題が生じませんが、有価物として扱いたい場合は、「総合判断説」に照らし合わせた上で有価物とみなせる運用をする必要があります。しかしながら、第1章で解説したとおり「総合判断説」は実際には非常に使いにくい判断基準です。そのため、産業廃棄物を管轄する地方自治体の多くは、総合判断するための1要素に過ぎない「取引価値の有無」で機械的に判断しているのが実情です。すなわち、排出事業者が負担する輸送費の方が売却代金よりも高い場合は、排出事業者は木くずチップの搬出に伴い経費を負担していることになるため、製紙会社に到着するまでの間は産業廃棄物として扱うべし、という結論になりがちです。

　筆者としては、このようなケースにおいては、再生利用事業者のところに搬入されるまでの間は産業廃棄物として扱う方があらゆる意味で安全と考えています。やるべき実務としては、産業廃棄物としての遠距離運搬が可能な「収集運搬業者との契約」と「マニフェストの交付」の2つだけですので、それほど大きな手間でもありません。次のページに、木くずチップを製紙会社まで産業廃棄物として運搬する場合の注意点を、図で示しました。

木くずチップを製紙会社まで産業廃棄物として運搬する場合

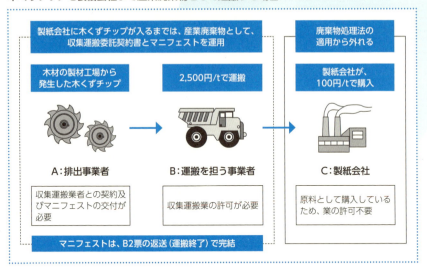

　問題は、「産業廃棄物の発生場所から製紙会社までの遠距離運搬可能な収集運搬業者が見つからないケース」や、「製紙会社が特定の運送業者にしか搬入を認めていないケース」の場合です。このような場合には、収集運搬業の許可を持たない運送業者に木くずチップの運送を依頼することになりますので、産業廃棄物の委託基準が満たせないことになります。

　そのような状況下で、「他に許可業者が見つからないので仕方ない」「製紙会社が言っていることなので法的にも問題はないであろう」と、そのまま問題点を放置してしまうのは危険です。

　そのため、行政に対し、「経済合理性」「製紙会社の木くず買取実績」「運搬を担う事業者の規模や信頼性」等を説明し、木くずチップの運搬過程においても有価物扱いすることの承認を受けることをお奨めします。

第5章 知っておきたい通知や制度

　規制改革通知では「参考」として、「廃棄物」か「有価物」かの判断方法として3つの事例が掲載されていますので、そちらの解説もします。

参考2（第四関係）「廃棄物」か否か判断する際の輸送費の取扱い等の明確化に係る疑義照会事例

【事例1】
○照会事項
　ビール会社A社においてはビールを生産する過程で不要物として余剰のビール酵母が発生するが、このビール酵母を原料として、薬品会社B社では医薬品を、食料品会社C社では食料品（おつまみ類）を生産している。又、A社は現在当該ビール酵母のA社からB社又はC社までの運搬を自ら行っている。A社は、今後B社又はC社への運搬をD社に委託することを検討しているが、D社に運搬費用として支払う料金をB社又はC社から受け取るビール酵母の売却代金と比較すると運搬費用の方が高い（10倍程度）。この場合
(1) D社は産業廃棄物収集運搬業の許可を取得する必要があると解してよろしいか。
(2) B社及びC社は廃棄物処理施設及び廃棄物処理業に係る許可を取得する必要はないと解してよろしいか。

○回答
(1)及び(2)について、貴見のとおり。

【事例2】
○照会事項
　A製鉄所においては、冷鉄源溶解法（小規模な高炉のようなもので、電炉とは異なり、良質の鉄の製造が可能。）により、スクラップを鉄に再生しており、この工程に、炭素源及び鉄源として、廃タイヤを1／32カット又は1／16カットしたものを投入することにより、再生利用したいと考えている。A製鉄所は、1,000円／tで廃タイヤを購入する計画で（トラックで搬入されるものについては炉前渡し、船で搬入されるものについては岸壁渡し）ある。しかしながら、遠方から搬入されるものについては、タイヤカット業者が収集運搬業者に支払う収集運搬費用が、タイヤカット業者がA製鉄所から受け取るタイヤカット代金を上回る。この場合、A製鉄所は廃棄物処理施設及び廃棄物処理業に係る許可を取得する必要はないと解してよろしいか。

○回答
貴見のとおり。

【事例3】
〇照会事項
　建設汚泥の中間処理業者A社は、建設汚泥をコンクリート固化した再生土を改良土と称し、再生土販売代理店B社に対し契約上は10tトラック1台あたり100円で売却しているが、10tトラック1台当たり傭車代名目で7,000円、運搬代名目で3,100円を支払っている。A社の再生土の99％は、B社を経由して建設業者C社により土地のかさ上げとして埋め戻しされており、B社以外の業者に直接販売される再生土は1％に過ぎない。なお、建設汚泥を近隣の管理型最終処分場で処分する場合の処分費用は概ね1tあたり6,000円～18,000円であり、中間処理を必要としない建設発生土（残土）の処分費用は1tあたり500円～1,000円である。この場合、建設業者C社による埋め戻しは廃棄物の最終処分と解してよろしいか。

〇回答
貴見のとおり。

※解説
　事例1と2の産業廃棄物を買取る事業者は、いずれも規制改革通知本文で言うところの「再生利用又はエネルギー源として利用するために有償で譲り受ける者」に該当しますが、事例3の建設業者C社は、怪しげな手法で汚泥を埋戻し材と称しているだけのように見えます。
　本通知の内容を適用できるのは、脱法的なリサイクル偽装取引ではなく、誰が見ても「産業廃棄物を再生利用又はエネルギー源として利用」していると明らかな事業者に産業廃棄物を売却する場合のみ、と考えると判断を誤ることもなさそうです。

　最後に、Q&Aとして掲載されている4事例を引用しておきます。

Q9. 再生利用が予定されている産業廃棄物について、再生利用の入口となる、引渡し（輸送）の過程で廃棄物処理法の規制を及ぼすのは、円滑なリサイクル市場の発展を阻害するのではないか。
A9. 廃棄物処理法が他人に有償で売却することができない物を廃棄物としてとらえて規制を及ぼしているのは、たとえそれが他者に引き渡した後に再生処理等により有償で売却できるものになるとしても、今その物を占有している者にとって不要である場合、ぞんざいに扱われ生活環境保全上の支障を生じるおそれがあることによるものである。
　このように、廃棄物について、いずれ有償売却されることや再生利用されることを理由に廃棄物処理法の規制を及ぼさないことは不適切であり、再生利用するために有償で譲り受ける者が占有者となるまでは、廃棄物処理法の規制を適用する必要がある。

第5章 知っておきたい通知や制度

Q10. ガソリンスタンドや自動車整備工場、各種工場から排出される廃油（廃潤滑油等）の大部分は、廃油再生業者によって回収され、燃料として再生利用されている。排出事業者と廃油再生業者との間の取引は、回収量や運搬距離によっては廃油再生業者が排出事業者に対して適正な対価を支払う有償取引が一部行われることもあるが、再生利用が困難な有害物を含有する可能性があることなどから、廃油取引市場一般としては有償取引が行われているとは言い難い状況にある。こうした状況においては、廃油（廃潤滑油等）の回収行為について産業廃棄物収集運搬業の許可を取得する必要はあるか。

A10. 一回の取引のみで有償性を判断するのではなく、当該事業者の事業全体で有償取引が行われていると認められない限りは、産業廃棄物収集運搬業の許可を取得する必要がある。

Q11. 有償で譲り受ける者が占有者となる時点以前についての廃棄物該当性はどうなるのか。例えば収集運搬については、輸送費が売却代金を上回っている場合には産業廃棄物の収集運搬と判断されるのか。

A11. 取引価値を有すると判断するための基準として、本通知において示した「行政処分の指針」においては「客観的に見て当該取引に経済的合理性があること」としているが、販売価格より運送費が上回ることのみをもってただちに「経済的合理性がない」と判断するものではなく、「行政処分の指針」第1の4(2)①エに従い判断する必要がある。
　なお、廃棄物該当性の判断については、法の規制の対象となる行為ごとに、その着手時点における客観的状況から、物の性状、排出の状況、通常の取扱い形態、取引価値の有無及び占有者の意思等を総合的に勘案して判断する必要があるものであり、引渡し側から譲り受ける者までの間の収集運搬についても、上述の総合的な判断が必要である。

Q12. 再生利用又はエネルギー源として利用するために有償で譲り受ける者が、引渡し側の排出事業場等に譲り受ける物を引取りに行く場合、「再生利用又はエネルギー源として利用するために有償で譲り受ける者が占有者となった時点」は譲り受ける者が当該物の引渡しを受けた時点と解してよいか。

A12. お見込みのとおり。ただし、本通知は、有償で譲り受ける者が占有者となった時点以降については廃棄物に該当しないと判断しても差し支えないことを示したのであり、当該時点以降の廃棄物該当性の判断については、本通知中の2及び3で示したとおり行うものである。

第5章 2 行政処分の指針

「行政処分の指針」は、環境省が都道府県と政令市に示した行政処分手続きのマニュアルですが、事業者の立場としても、行政の考え方や調査手法を把握することが極めて重要ですので、一度全文をお読みいただくことをお奨めします。

「行政処分の指針」とは

「行政処分の指針」とは、環境省が都道府県に示した「行政処分手続きのあり方」や、「法律違反事実の調査方法」、「告発の対象とすべき法律違反の類型」などの詳細を説明した、行政処分手続きに関するマニュアルとなります。

この指針の説明対象は、産業廃棄物行政を担当する都道府県や政令市などの地方自治体の職員となっています。しかし、行政処分を受ける側の産業廃棄物処理業者や排出事業者にとっても、「行政側がどういう理由で行政処分をするのか」、「どういう行為が法律違反となるのか」を行政側のマニュアルを通して理解すると、法律違反をしないための具体的な行動指針が明確になりますので、非常に有益です。

同指針の全体的な論調としては、都道府県が法律違反の事実を把握した段階で、違法行為の実行者に対して迅速な「許可取消」等のアクションを行うことを求めています。違反事実に対して、「事業の停止処分」と「許可取消」のどちらを行うか、あるいは行政処分をしないという選択は地方自治体の裁量となりますので、同じ違反事実に対して自治体によって処分内容が違うということがよく起こります。ただし、現時点で他の自治体よりも処分が軽い自治体であっても、将来的にそれが急に厳しい姿勢へ変わる可能性がありますので、事業者の立場としては、「行政処分の指針」で示された内容を基準とし、違反行為をしないための対策を取ることが必要と言えます。

「行政処分の指針」の構成

同指針の構成は右のページに記す表のとおりです。どの内容も重要なのですが、特に気を付けなければいけない項目を、排出事業者と処理業者の立場ごとに強調しておきます。

「行政処分の指針」の構成とそれぞれの項目の重要度

		排出事業者にとっての重要度	処理業者にとっての重要度
第1	総論	◎	◎
第2	産業廃棄物処理業の事業の停止及び許可の取消し	○	◎
第3	特別管理産業廃棄物処理業の許可の取消し等	○	◎
第4	産業廃棄物処理施設の使用の停止及び設置許可の取消し等	◎	◎
第5	報告徴収	○	○
第6	立入検査		
第7	改善命令	○	○
第8	措置命令	○	○
第9	排出事業者に対する措置命令	◎	▲
第10	生活環境の保全上の支障の除去等の措置		
第11	公表		
第12	刑事告発		

(◎＞○＞▲の順で、左のものほど重要度が高くなります)

以下、実務的に重要な内容を指針から引用し、解説を加えていきます。

なお、「行政処分の指針」の全文は環境省のHPで公開されていますので、上記以外の内容についても、下記のURLで全文をダウンロードして読んでいただくことをお奨めします。

「行政処分の指針」https://www.env.go.jp/hourei/add/k040.pdf

前文(「行政処分の指針」を示した理由)

- 廃棄物の処理及び清掃に関する法律については、累次の改正により、(中略)大幅な規制強化の措置が講じられ、廃棄物の不適正処理を防止するため、迅速かつ的確な行政処分を実施することが可能となっている。
- しかしながら、一部の自治体においては、自社処理と称する無許可業者や一部の悪質な許可業者による不適正処理に対し、行政指導をいたずらに繰り返すにとどまっている事案や、不適正処理を行った許可業者について原状回復措置を講じたことを理由に引き続き営業を行うことを許容するという運用が依然として見受けられる。
- このように悪質な業者が営業を継続することを許し、断固たる姿勢により法的効果を伴う行政処分を講じなかったことが、一連の大規模不法投棄事案を発生させ、廃棄物処理及び廃棄物行政に対する国民の不信を招いた大きな原因ともなっていることから、都道府県(中略)におかれては、違反行為が継続し、生活環境の保全上の支障を生ずる事態を招くことを未然に防止し、廃棄物の適正処理を確保するとともに、廃棄物処理に対する国民の不信感を払拭するため、以下の指針を踏まえ、積極的かつ厳正に行政処分を実施されたい。

※解説

不適正処理に対しいたずらに行政指導のみを繰り返すといった問題解決を先送りする行政の姿勢が、国民の不信を招いた原因と断じています。

国民の不信を払拭するためにも、「積極的かつ厳正」な行政処分が必要と説かれています。

これが環境省及び地方自治体の基本姿勢であるということを、排出事業者と処理業者の双方は知っておかねばなりません。

「第1 総論」

1 行政処分の迅速化について

違反行為を把握した場合には、生活環境の保全上の支障の発生又はその拡大を防止するため速やかに行政処分を行うこと。特に、廃棄物が不法投棄された場合には、生活環境の保全上の支障が生ずるおそれが高いことから、速やかに処分者等を確知し、措置命令により原状回復措置を講ずるよう命ずること。

この場合、不法投棄として告発を行うほか、処分者等が命令に従わない場合には命令違反として積極的に告発を行うこと。また、捜査機関と連携しつつ、産業廃棄物処理業等の許可を速やかに取り消すこと。

※解説

「違反行為を発見したら、速やかに行政処分を行うべし」と説かれています。特に、不法投棄の場合は、「措置命令」を速やかに発出し、「不法投棄に関する告発」も行うこと、そして措置命令に従わない場合は、「措置命令違反に関する告発」を行うべしと、行政に迅速なアクションを求める内容となっています。

> **2 行政指導について**
> 　行政指導は、迅速かつ柔軟な対応が可能という意味で効果的であるが、相手方の任意の協力を前提とするものであり、相手方がこれに従わないことをもって法的効果を生ずることはなく、行政処分の要件ではないものである。このような場合に更に行政指導を継続し、法的効果を有する行政処分を行わない結果、違反行為が継続し、生活環境の保全上の支障の拡大を招くといった事態は回避されなければならないところであり、緊急の場合及び必要な場合には躊躇することなく行政処分を行うなど、違反行為に対しては厳正に対処すること。

※解説

「行政指導」の効果と限界が明確に解説されています。

「行政指導」は、不適正処理に対してのみ行われるものではなく、行政活動のあらゆる場面で使用される頻度が高いものですので、ここに書かれている内容を理解し、従うことが難しい行政指導に対しては、「従えません」と明確に告げることが重要です。

> **3 刑事処分との関係について**
> - 違反行為が客観的に明らかであるにもかかわらず、公訴が提起されていることを理由に行政処分を留保する事例が見受けられるが、行政処分と刑事処分とはその目的が異なるものであるから、それを理由に行政処分を留保することは不適当である
> - 行政庁として違反行為の事実を把握した場合には、いたずらに刑事処分を待つことなく、速やかに行政処分を行うこと。

※解説

「懲役2年、執行猶予2年」といった刑事処分が確定するのを待つのではなく、不法投棄や不法焼却などの違法行為の事実を把握した時点で、速やかに行政処分を行

うべしと、ここでも行政に迅速なアクションを求めています。

> **4 事実認定について (1)**
> 　行政処分を行うためには、違反行為の事実を行政庁として客観的に認定すれば足りるものであって、違反行為の認定に直接必要とされない行為者の主観的意思などの詳細な事実関係が不明であることを理由に行政処分を留保すべきでないこと。なお、事実認定を行う上では、法に基づく立入検査、報告徴収又は関係行政機関への照会等を積極的に活用し、事実関係を把握すること。

※解説

「3 刑事処分との関係について」と共通する内容ですが、ここでは、事実認定の材料として、「立入検査」や「報告徴収」を積極的に活用すべしと説かれています。

違う言い方をすると、頻繁な「立入検査」や、書面で報告することが要求される「報告徴収」を求められている場合は、「行政が事実認定のために証拠集めをしている」可能性がありますので、行政処分の対象となるような法律違反を起こしていないかを早急に調べる必要があります。

> **4 (2) 廃棄物該当性の判断について**
> - 廃棄物とは、占有者が自ら利用し、又は他人に有償で譲渡することができないために不要となったものをいい、これらに該当するか否かは、その物の性状、排出の状況、通常の取扱い形態、取引価値の有無及び占有者の意思等を総合的に勘案して判断すべきものである
> - 廃棄物は、不要であるためにぞんざいに扱われるおそれがあり、法による適切な管理下に置くことが必要である
> - 再生後に自ら利用又は有償譲渡が予定される物であっても、再生前においてそれ自体は自ら利用又は有償譲渡がされない物であることから、当該物の再生は廃棄物の処理であり、法の適用がある
> - 廃棄物の疑いのあるものについては、各種判断基準に基づいて総合的に判断し、有価物と認められない限りは廃棄物として扱うこと
> - 判断基準がそのまま適用できない場合は、適用可能な基準のみを抽出して用いたり、当該物の種類、事案の形態等に即した他の判断要素をも勘案するなどして、適切に判断されたい
> - その他、平成12年7月24日付け衛環第65号「野積みされた使用済みタイヤの適正

> 処理について」及び平成17年7月25日付け環廃産発第050725002号「建設汚泥処理物の廃棄物該当性の判断指針について」も併せて参考にされたい

個々の判断対象ごとの判断基準

①物の性状	・利用用途に要求される品質を満足し、かつ飛散、流出、悪臭の発生等の生活環境の保全上の支障が発生するおそれのないものである ・実際の判断に当たっては、生活環境の保全に係る関連基準（例えば土壌の汚染に係る環境基準等）を満足すること ・その性状についてJIS規格等の一般に認められている客観的な基準が存在する場合は、これに適合している ・十分な品質管理がなされている
②排出の状況	・排出が需要に沿った計画的なものであり、排出前や排出時に適切な保管や品質管理がなされている
③通常の取扱い形態	・製品としての市場が形成されており、廃棄物として処理されている事例が通常は認められない
④取引価値の有無	・占有者と取引の相手方の間で有償譲渡がなされており、なおかつ客観的に見て当該取引に経済的合理性がある ・名目を問わず処理料金に相当する金品の受領がない ・譲渡価格が競合する製品や運送費等の諸経費を勘案しても双方にとって営利活動として合理的な額である ・当該有償譲渡の相手方以外の者に対する有償譲渡の実績がある
⑤占有者の意思	・客観的要素から社会通念上合理的に認定し得る占有者の意思として、適切に利用し若しくは他人に有償譲渡する意思が認められる ・放置若しくは処分の意思が認められない ・単に占有者において自ら利用し、又は他人に有償で譲渡することができるものであると認識しているか否かは決定的な要素とならない ・上記①から④までの各種判断要素の基準に照らし、適切な利用を行おうとする意思があるとは判断されない場合、又は主として廃棄物の脱法的な処理を目的としたものと判断される場合には、占有者の主張する意思の内容によらず、廃棄物に該当する

4 (2) 廃棄物該当性の判断について

- 有償譲渡の実績や有償譲渡契約の有無は、一つの簡便な基準に過ぎない
- 廃プラスチック類、がれき類、木くず、廃タイヤ、廃パチンコ台、堆肥（汚泥、動植物性残さ、家畜のふん尿等を中間処理（堆肥化）した物）、建設汚泥処理物（建設汚泥を中間処理した改良土等と称する物）等、場合によっては必ずしも市場の形成が明らかでない物については、有償譲渡契約等の存在をもって直ちに有価物と判断することなく、各種判断要素の基準により総合的に判断されたい
- 排出事業者が自ら利用する場合は、必ずしも他人への有償譲渡の実績等を求めるものではなく、「通常の取扱い」、「個別の用途に対する利用価値」並びに上記③④以外の各種判断要素の基準に照らし、一般に行われている利用であり、客観的な利用価値が認められ、かつ確実に当該再生利用の用途に供されるか否かをもって廃棄物該当性を判断されたい
- 中間処理業者が中間処理後の物を自ら利用する場合においては、排出事業者が自ら利用する場合とは異なり、他人に有償譲渡できるものであるか否かを含めて、総合的に廃棄物該当性を判断されたい

※解説

「1-5 廃棄物と有価物の違い」で説明した「廃棄物か否かの総合判断」の際の検討事項です。「5-1 規制改革通知」にも関係する項目です。

「廃棄物ではなく有価物」という主張をしたい場合は、それぞれの判断項目ごとに示された基準を一つでも多く満たせるような証拠をそろえることが必要となります。

第2 産業廃棄物処理業の事業の停止及び許可の取消し

- 犯罪に対する刑罰の適用については公訴時効が存在するが、行政処分を課すに当たってはこれを考慮する必要はないこと。

※解説

第3章の措置命令で解説したとおり、行政処分には時効がありませんので、10年以上前の行為であっても、その時点の法律に照らし合わせると違法であった場合は、10年後の現在の時点で行政処分を行うことが可能なのです。

第5 報告徴収

- 報告拒否及び虚偽報告については罰則が適用される

※解説

廃棄物処理法第30条の「30万円以下の罰金」の適用対象となります。

第7 改善命令

- 排出事業者については、保管基準に適合しない保管又は処理基準に適合しない産業廃棄物の収集、運搬（積替え又は保管を含む。）若しくは処分（保管を含む。）が行われた場合に命令の対象となる。
- 処理業者については、処理基準に適合しない産業廃棄物の収集、運搬（積替え又は保管を含む。）又は処分（保管を含む。）が行われた場合に命令の対象となる。
- 改善命令の具体的内容として処理基準に適合しない産業廃棄物の処分が行われた場合には、その状況に応じ当該産業廃棄物の処分をやり直す措置も含み得るものであるが、生活環境保全上の支障が発生し、又はそのおそれがあるときは措置命令によるべきものである

※解説

改善命令の具体的な対象と、命令の内容の説明です。生活環境保全上の支障が発生している、またはそのおそれがある場合には、改善命令ではなく措置命令を発出すべしとされています。ここを読めば、改善命令と措置命令の違いを理解しやすくなります。

第8 措置命令（法第19条の5）

- 都道府県知事は、処理基準又は保管基準に適合しない産業廃棄物の処理が行われた場合において、生活環境の保全上の支障を生じ、又は生ずるおそれがあるときは、必要な限度においてその支障の除去又は発生の防止のために必要な措置を講ずるように命ずることができる
- これらの者による不適正な処分を把握した場合には、速やかに命令を行い、生活環境の保全上の支障の発生を防止し、又は除去されたい
- なお、この場合において、処理基準等に違反する状態が継続している（不法投棄の場合であれば、廃棄物が投棄されたままの状態が継続している。）以上、いつでも必要

- に応じ命令を発出することができる

※解説

措置命令の基本原則の解説です。

- 多数の排出事業者や処理業者が関わる不法投棄事案のように、現場に不適正処理された廃棄物が多数混在している場合において、そのうちの一部の廃棄物に係る排出事業者等に対して当該廃棄物に起因する支障の除去等を求める措置命令を発出するに当たっては、その混在している廃棄物のうちのどの部分が当該排出事業者によって排出された廃棄物であるかまでを特定することは必要でなく、当該現場のいずれかに当該廃棄物が含まれていることさえ特定できれば足りる

※解説

実務において気を付けないといけない重要なポイントです。

「現場のいずれかに当該廃棄物が含まれていることさえ特定できれば足りる」ため、不法投棄実行者が所持していたマニフェストに排出事業者として記載された企業については、「その現場のいずれかにその企業が委託した廃棄物が埋まっている」とみなされることになりますので、マニフェストや委託契約書等の適正処理をしたという反証が必要になります。

- 保管と称する廃棄物の野積みについて、当該保管と称する野積みが保管であるか処分であるかにかかわらず、生活環境の保全上支障が生じ、又は生ずるおそれがあると認められる場合には、措置命令の対象となる

※解説

「放置」と同視できる産業廃棄物の「保管」の場合も、措置命令の対象になる場合があることに注意が必要です。

第9 排出事業者等に対する措置命令（第19条の6）

- 排出事業者はその事業活動に伴って生じた廃棄物を自ら適正に処理するものとする「排出事業者の処理責任」を負っており、その処理を許可業者等に委託したとしても、その責任は免じられるものではない
- 排出事業者が産業廃棄物の発生から最終処分に至るまでの一連の処理の行程における処理が適正に行われるために必要な措置を講ずるとの注意義務に違反した場合には、委託基準や管理票に係る義務等に何ら違反しない場合であっても一定の要件の下に排出事業者を措置命令の対象とする
- 産業廃棄物処理業の許可制度は、実際に許可を受けた者が適正に処理を行うことまで保証するものではなく、許可業者に対する処理委託が排出事業者の責任を免ずるものではない
- 命令の対象となる「排出事業者等」とは、中間処理後の産業廃棄物が不適正処理された場合にあっては、中間処理前に当該産業廃棄物を事業活動に伴って生じた排出事業者及び当該産業廃棄物を中間処理した中間処理業者をいい、事業活動に伴って生じた段階から不適正処理された段階までの一連の処分を行った者

※解説

　排出事業者の方にとっては、大変影響力のある（または、ありそうな）説明ですが、第3章で解説したとおり、排出事業者に対する措置命令は「第19条の6」ではなく、「第19条の5」に基づき、発出されているのが現実です。

　なお、排出事業者が「委託基準や管理票に係る義務等に何ら違反しない場合」でも19条の6の措置命令の対象になる要件として、「行政処分の指針」では次のように説明されています。

排出事業者が第19条の6の措置命令の対象となる要件
①排出事業者等が当該産業廃棄物の処理に関し適正な対価を負担していないとき

- 「適正な対価を負担していないとき」とは、不適正処理された産業廃棄物を一般的に行われている方法で処理するために必要とされる処理料金からみて著しく低廉な料金で委託すること（実質的に著しく低廉な処理費用を負担している場合を含む。）をいうものであること。
- 「適正な対価」であるか否かを判断するに当たっては、まずは都道府県において、可能な範囲内でその地域における当該産業廃棄物の一般的な処理料金の範囲を客観的

> に把握すること。そして、その処理料金の半値程度又はそれを下回るような料金で処理委託を行っている排出事業者については、当該料金に合理性があることを排出事業者において示すことができない限りは、「適正な対価を負担していないとき」に該当するものと解して差し支えないこと。

※解説

行政が処理料金の相場を示すのは著しく困難ですので、第19条の6の措置命令が発出されない要因の一つとなっています。ただし、「無償の引取り要求」や「タダ同然の廉価での引取り要求」をしていたことが発覚すれば、上記の内容に抵触してきますので、第19条の6の措置命令の対象になりえます（契約書やマニフェストが完璧だったとしても）。

② 不適正処理が行われることを知り、または知ることができたとき

> - 「当該収集、運搬又は処分が行われることを知り」とは、排出事業者等において当該不適正処理が行われることの認識予見があること、「知ることができたとき」とは、排出事業者等において、一般通常人の注意を払っていれば当該不適正処理が行われることを知り得たと認められる場合をいうこと。
> - 後者の例としては、処理業者が、過剰保管等を理由として改善命令等の行政処分を受け、又は不適正処理を行ったものとして行政の廃棄物部局による立入検査等を受け若しくは周辺住民から訴訟を提起されるなど、不適正処理が行われる可能性が客観的に認められる状況があったにもかかわらず、排出事業者がその状況等について問い合わせや現場確認などの調査行動を何ら講ずることなく、当該業者に対して処理委託を行い、又は継続中の処理委託契約について解約等の措置を講じず、結果的に生活環境の保全上支障が生じ、又は生ずるおそれが生ずるに至った場合が該当すること。
> - なお、排出事業者が何らかの調査行動を講じながらも当該処理業者に処理委託を行った場合に、排出事業者において、不適正処理が行われないものと判断したことに正当な理由があったことを示すことができない場合も、これに該当するものと解して差し支えないこと。

※解説

今のところは第19条の6に基づく措置命令は発出されていないというものの、ここで書かれていることは処理状況確認の際の着眼点として重要なものです。

「排出事業者において、不適正処理が行われないものと判断したことに正当な理由があったことを示すことができない」状況に陥らないように、第3章で解説した「現

地確認結果の保存」などが必要です。
③ （第12条第7項、第12条の2第7項及び第15条の4の3第3項の規定の趣旨に照らし）排出事業者等に支障の除去等の措置を採らせることが適当であるとき

> 委託先の選定に当たって、
> - 合理的な理由なく、適正な処理料金か否かを把握するための措置（例えば、複数の処理業者に見積もりをとること）
> - 不適正処理を行うおそれのある産業廃棄物処理業者でないかを把握するための措置（例えば、最終処分場の残余容量の把握、中間処理業者と最終処分業者の委託契約書の確認、処理実績や処理施設の現況確認、改善命令等を受けている場合にはその履行状況の確認）
> 等の最終処分までの一連の処理が適正に行われるために講ずべき措置を講じていない場合が該当する
> - 産業廃棄物の委託先での処理の状況に関する確認を行っていない排出事業者及び中間処理業者については、「排出事業者等に支障の除去等の措置を採らせることが適当であるとき」に該当する可能性がある

※解説

現地確認の際に見るべきポイントの一部が紹介されています。

この内容についても、第3章で、「措置命令の対象にならないためにする」というよりは、「取引先としての処理業者の与信調査」として、処理状況確認を行うべきと解説いたしました。

第5章 3 欠格要件

「欠格要件」とは、廃棄物処理業を営むのにふさわしくない人物・法人とみなされる、一定の犯罪歴その他の要件です。欠格要件に当てはまると、必ず産業廃棄物処理業の許可が取消されることになりますので、産業廃棄物処理業者は絶対に該当してはならない条件です。

欠格要件

産業廃棄物処理業者の役員などが一定の犯罪を起こし、その刑罰が確定すると、その人は、廃棄物処理法の規定により、産業廃棄物処理業を営むのにふさわしくない人物と自動的にみなされます。「廃棄物処理業を営むのにふさわしくない人物」を「欠格者」と呼び、「欠格者になる条件」を「欠格要件」と言います。欠格要件に該当した役員がいる法人や、法人そのものが欠格要件に該当した場合は、「必ず」産業廃棄物処理業の許可を取消されることになります。

欠格要件には、特定の刑事罰に処せられた場合の他、破産や成年被後見人になった場合も含まれます。欠格要件の詳細は下記のとおりです。

産業廃棄物処理業者の欠格要件（廃棄物処理法第14条第5項第二号）

イ　下記のいずれかに該当する者

第7条第5項第四号
イ　成年被後見人若しくは被保佐人又は破産者で復権を得ないもの
ロ　禁錮、懲役、死刑に処せられ、その執行を終わってから、または執行を受けることがなくなってから、5年を経過しない者（罰金刑の場合は、下記の「ハ」にあてはまる法令違反以外は欠格要件にならない。違う言い方をすると、いかなる犯罪であっても、禁錮刑以上に処せられると欠格要件になる。）
ハ　下記の法律違反により、罰金に処せられ、その執行を終わってから、又は執行を受けることがなくなってから、5年を経過しない者（「ハ」の場合は、罰金刑も欠格要件になることに注意!）

「廃棄物処理法」「浄化槽法」その他の環境保全法令、「暴力団員による不当な行為の防止等に関する法律」「暴力行為等処罰ニ関スル法律」、刑法傷害罪（第204条）、傷害助勢罪（第206条）、暴行罪（第208条）、凶器準備集合・結集罪（第208条の2）、脅迫罪（第222条）、第247条（背任罪）

ニ　「廃棄物処理法」又は「浄化槽法」に違反したため、許可を取消されてから5年を経過していない者
法人の場合は、取消しの処分に関する行政手続法上の通知（聴聞手続）の日より、60日前以内に、その法人の役員であった者で、かつ取消しの日から5年を経過していない者がいるとき（ただし、取消の原因が、上記の「ロ」や「ハ」等に該当する悪質性が高い許可取消原因に限定される）

> ホ 過去に許可を受けていたが、「廃棄物処理法」又は「浄化槽法」の許可の取消処分の通知を受けてから、取消し処分を受けるまでの間に、「廃止届」を提出し、それから5年を経過していないもの
> ヘ 「ホ」の通知（聴聞手続）の日より、60日前以内に法人の役員もしくは政令使用人であった者または個人の政令使用人であった者で、当該届出の日から五年を経過しない者
> ト その業務に関し不正または不誠実な行為をするおそれがあると認めるに足りる相当の理由がある者

> ロ 暴力団員による不当な行為の防止等に関する法律に規定する暴力団員、または暴力団員でなくなった日から五年を経過しない者
> ハ 営業に関し成年者と同一の行為能力を有しない未成年者でその法定代理人が「イ」または「ロ」のいずれかに該当するもの
> ニ 法人の役員又は政令使用人のうちに「イ」または「ロ」のいずれかに該当する者のあるもの
> ホ 個人の政令使用人のうちに「イ」または「ロ」のいずれかに該当する者のあるもの
> ヘ 暴力団員等がその事業活動を支配する者

産業廃棄物処理企業の経営者の方は、

① 廃棄物処理法違反を起こさない（役員個人としても、会社事業としても）
② 禁錮刑以上の刑事罰を科される可能性のある容疑で逮捕された場合は、刑事罰が確定する前に、役員を退任し、株式を他者に譲渡して、会社の経営から完全に離れる
③ 廃棄物処理法その他の環境法令や、「傷害罪」、「傷害助勢罪」、「暴行罪」、「凶器準備集合・結集罪」、「脅迫罪」、「背任罪」の場合は、罰金刑も欠格要件の対象となるため、②と同様に、逮捕されたらすぐ会社の経営から完全に離れることが必要となることにご注意ください。普通の生活を送っていれば、刑事罰とは無縁な一生を過ごすことができる（可能性が高い）ものですが、「自動車運転時の人身事故」や「飲酒時の暴力事件」などは、油断をしているときにこそ発生するものです。

欠格要件の怖さを学ぶ方法

それは、実際に許可取消をされた事例の取消理由を見ることです。リアルタイムで更新されるわけではありませんが、環境省が全国の都道府県の許可取消情報をまとめて公開しているサイトがあります。　http://www.env.go.jp/recycle/shobun/

このサイトを定期的にチェックすると、最新の許可取消事例から、各自治体の許可取消に臨む姿勢の違いがわかるようになります。排出事業者の方も、委託先処理業者の与信調査をする際に、許可取消の有無を確認することが必要ですので、定期的に上記のサイトをチェックしておくと良いでしょう。

著者 **尾上 雅典**
行政書士エース環境法務事務所 代表

【経歴】
1995年立命館大学文学部心理学専攻卒業、兵庫県庁入庁。2001年から3年間、地方機関にて産業廃棄物の規制指導を担当。2005年3月に退職後、行政書士事務所を開業。その業務スタイルは許認可申請代行に留まらず、企業の経営基盤確立を目指し、従業員教育や市場開拓・事業承継アドバイス、法務相談など、廃棄物処理企業に特化したもの。また業界誌への寄稿、排出事業者向けセミナー、廃棄物管理状況の監査など、動脈産業界へも廃棄物の適切な処理を念頭に精力的に啓発・教育活動を展開している。

入門と実践!
廃棄物処理法と産廃管理マニュアル

2015年5月20日　第1刷発行

定価　本体価格1,800円＋税

発行者	河村勝志	
発　行	株式会社クリエイト日報	
編　集	日報ビジネス株式会社	
	東京	〒101-0061　東京都千代田区三崎町3-1-5　電話　03-3262-3465（代）
	大阪	〒541-0054　大阪府大阪市中央区南本町1-5-11　電話　06-6262-2401（代）
印刷所	秀栄印刷株式会社	

乱丁・落丁はお取り替え致します。

日報の**出版・情報ガイド**

～難しい法律をとっても分かりやすくポイント解説～
ぜーんぶわかる 廃棄物処理実務

本書は、「処理業者の選定方法」や「委託契約書・マニフェストの書き方」など、産業廃棄物の排出事業者と処理業者の実務担当者にとって必須の法律知識をわかりやすく解説した本です。

- ■ 廃棄物処理法の罰則の恐ろしさ
- ■「一般廃棄物」と「産業廃棄物」の違い
- ■ なぜリサイクルでも許可が必要なのか？
- ■ 委託料金が月々変動する場合の契約書の書き方
- ■ 有価物にマニフェストは必要？

尾上雅典 著
A5判　188頁　定価 本体2,095円＋税　別途送料350円

増補改訂版 知らなきゃ怖い！ 廃棄物処理法の罰則

廃棄物処理法の罰則は、排出事業者と処理業者の実務者にとって、コンプライアンスの核になる規定。罰則を知り、罰則の適用を避けることができれば、安心して廃棄物処理の委託・受託ができる。
本書はまさにその罰則にスポットを当てた本。

■第1章 問題提起　■第2章 罰則とは　■第3章 罰則の取扱い説明書

増補改訂版で加えられた新たな内容
● 特に注意すべき欠格要件
● 無許可業者を見抜き、適正処理業者を選ぶための処理施設・現地確認のポイント

尾上雅典 著
A5判　140頁　定価 本体1,429円＋税　別途送料350円

遺品整理コンプライアンス
～違法行為をしないために～

国内初の遺品整理に関する専門解説書！
遺品整理業で違法行為をしないために、現役弁護士が書き下ろした。

- ■第1章 遺品整理に関する法制度の素描
- ■第2章 遺品の「廃棄物性認定」に関する課題
- ■第3章 遺品分類の「委託者」に関する課題
- ■第4章 「家庭系一般廃棄物」となった遺品に関する課題
- ■第5章 「産廃コンプライアンス——産業廃棄物の処理」に関する課題

A5判　120頁　定価 本体1,500円＋税　別途送料350円

日報の出版・情報ガイド

環境関連機材カタログ集2015

廃棄物の適正処理・リサイクルから地球温暖化まで、環境技術を収録。

掲載項目　●製品名　●製品写真　●特長　●仕様　●用途
　　　　　●社名　●住所　●TEL・FAX　●URL
分　　類　●再資源化・廃棄物処理　●バイオマス
　　　　　●水・土壌　●環境改善・支援

年間発行。最新版の詳細はお気軽にお問い合わせ下さい。

B5判　128頁
定価　本体1,000円＋税　　別途送料400円

2015年版 全国産廃処分業 中間処理・最終処分企業 名覧

8月発売 予約受付中!!

全国各県等の許可情報をこの一冊に集約！

社名／所在地／電話番号／URL／処分の方法／
取り扱う産業廃棄物の種類などを掲載予定

B5判　約700頁　定価　本体6,000円＋税　　別途送料500円

「脱★ドンブリ経営と自衛隊式リーダー育成術」

価格競争・後継者問題にお悩みの方、必見!! 処理業経営者のための人材育成DVD

処理料金の価格競争に巻き込まれている経営者に必見
第1部 廃棄物処理業者向け「脱★ドンブリ経営」
あたなの職場に笑顔はありますか？
第2部「処理業経営者のための自衛隊式リーダー育成術」

YouTubeサイトにダイジェスト動画がございます。ぜひ、ご覧ください。
http://www.youtube.com/watch?v=O9W-p5khL0E

講師：松岡 力雄／今仁 豪造
定価　本体18,857円＋税のところ、特別価格10,000円＋税
別途送料500円　収録時間98分